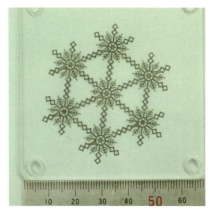

板厚：100 μm
最小サン幅：200 μm

写真提供：三菱電機㈱

CO₂ レーザーによるステンレス系材料の精密微細加工（本文 p.142）

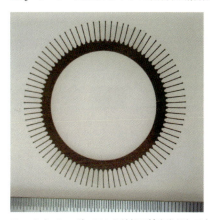
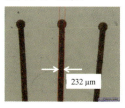

板厚：200 μm
最小サン幅：232 μm

写真提供：日本車輌製造㈱

ファイバーレーザーによる純銅の精密微細加工（本文 p.144）

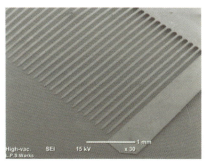
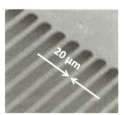

写真提供：㈱リプス・ワークス

材質：SUS304，板厚：10 μm　　波長：λ＝515 nm，平均出力：8.2 W
サン幅：20 μm，間隔：100 μm　　パルス幅：180-190 fs

板厚 10 μm のステンレス　フェムト秒レーザーによるマイクロ微細加工

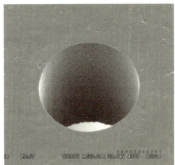
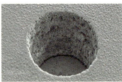

a) 写真提供：Raydiance Inc.

ステンレス鋼材
板厚：250 μm
平行穴径：φ200 μm
波長：1.6 μm
パルス幅：800 fs

b) 写真提供：TRUMPF GmbH

プリント基板用銅箔
板厚：30 μm
加工穴径：φ56 μm
波長：515 nm
パルス幅：8 ps

ピコ秒とフェムト秒による穴あけ加工

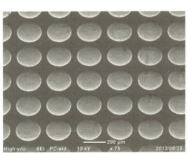
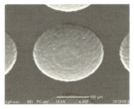

材質：Al 穴径：φ200 μm
深さ：20 μm, ピッチ：250 μm

波長：λ＝515 nm
平均出力：30 W
パルス幅：8 ps

写真提供：㈱リプス・ワークス

アルミの表面ディンプル加工

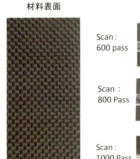

材料表面

切断方向

切断面

Scan：600 pass

Scan：800 Pass

Scan：1000 Pass

レーザー入射方向

写真：中央大学研究資料

ＣＦＲＰの短パルスレーザーによる切断加工（本文 p.209）

Laser Materials Micro Processing
From a scientific and engineering perspective

レーザー微細加工

基礎現象と産業応用

新井 武二［著］

丸善出版

ま え が き

　近年，身近な工業製品の多くが小型化されてきた．高性能を維持した上での
コンパクト化は究極の目標でもある．産業界で製品の「軽薄短小」が叫ばれて
からかなりの年月が経ったが，その達成のための模索は最適な材料素材の選定
から微細な工法にまで及んでいる．素材自身もますます薄くなり，金属箔や他
の箔材もかなり用いられるようになった．しかし，結果として選ばれた極薄の
材料の場合は，従来の工具による加工では材料に力学的な負荷が過剰にかかる
ことから変形が生じるため，加工はさらに難度を増してきた．そのためにはご
く小さな工具が望まれるものの，機械的な微細加工にはおのずと限界がある．
その結果，必然的に無接触で，材料の近傍で焦点を極めて小さく絞ることがで
きるレーザー加工が新たな工法として浮上した．レーザーは「光の工具」であ
る．その後，多くの試みやいくつかの加工事例を経て急速にレーザー加工に注
目が集まった．これがレーザーによる微細加工の始まりでもある．
　その後レーザーによる微細加工は，波長やパルス幅の異なる各種レーザーで
試みられた．結果として，用途によっては効果が確かめられ一定の成果が見ら
れている．しかし，その応用においては，まだニッチな分野である場合が多い
ことも事実である．国内では欧州の自動車産業のエンジンノズルの穴あけの加
工情報に刺激されたこともあり，試作品への応用や試し加工に極秘でトライし
た企業は少なくない．だが，公表されない部分もあるものの実際に量産体制に
組み入れた事例はさほど多くないのが現状である．マイクロ加工の現象と限界
を正しく知った上で，応用加工ではニッチからの脱却，機械加工ではできない
領域分野で活躍の場を模索する必要がある．レーザーによる微細加工は生産能
率など相反する経済性の課題も多く，情報には未知の部分を包含し内容もやや
漠然としているが，レーザーでしか達成し得ない加工法も出現していて，可能
性への期待には依然として大きいものがある．
　レーザー加工は他の機械加工法に比べて大変ユニークである．かつて「特殊
加工」と称され，工作機械群との間に一線を画されていた．それは従来の加工
法と比較して後発技術であり，馴染みのない光をツールとする非接触加工で

あったことに起因したものと思われる．しかし，昨今のレーザー加工はモノづくりの主要な加工技術となり，加工精度は機械加工とほぼ同等か，または一部凌駕している．特に，ごく薄い材料や微小領域の加工では機械加工に勝っていると言える．レーザーは小さな領域に大きなエネルギーを集めることのできる究極の高エネルギー密度の光加工であり，加工の時間の微細化も可能となり，微細な加工に最も適した光工具となった．

　産業界における微細加工の応用模索は水面下で進められていて，公開されないことが多い．そのため，将来を見据えて研究開発を進めたいと思った場合でも，取っかかりの糸口を掴めない企業関係者も多いようである．そこで，情報開示に比較的オープンな大学や研究機関の研究成果を中心にわかりやすく解説したいと考え，企業にもアルバム集のような結果のみの羅列情報ではなく，再現可能な生の条件データ提供の協力を仰いだ．

　本書は現場からの距離がありがちな理論書ではなく，実学に即した工学的な立場で，かつ，加工の見地から書かれたものであることを付け加えたい．レーザー微細加工は産業技術的に詳細な検証がなされていないことも多い上に，技術的にもまだ開発途上であるのも事実である．この意味で，当該技術が広く一般化するには時間を要することから，一部はまだ不十分な技術情報であるかもしれない．しかし，そうであっても，明らかになっている現状のレーザーによる微細加工を詳細に紹介することができれば，微細なレーザー加工の正しい理解と，将来に向けた取り組みへのきっかけになることが期待される．

　この本により，少しでもレーザーでの微細加工応用の関心が高まり，現状以上に応用が加速し発展することを願っている．また，新しいレーザーの出現とも相まって，さらなる創造的加工技術が創出され産業技術を大きく変えていくことを切望してやまない．なお，末筆ながら，本書の執筆の機会を与えていただいた丸善出版株式会社および同社企画・編集部の小林秀一郎部長に深く感謝申し上げる．

2017 年 12 月吉日

新 井 武 二

目　　次

第1章　レーザーによる微細加工　1

1.1 微細加工とは……………………………………………………… 2
1.2 微細加工の歴史的経緯 ……………………………………………… 5
1.3 微細加工の特徴 …………………………………………………… 6

第2章　微細加工用レーザー　9

2.1 微細加工用レーザーの種類 ……………………………………… 10
2.2 微細加工用レーザー発振器 ……………………………………… 11
　　　2.2.1　短波長化レーザー ………………………………………… 11
　　　2.2.2　短パルス化レーザー ……………………………………… 14

第3章　微細加工の基礎事項　21

3.1 光の反射 ……………………………………………………… 22
　　　3.1.1　光の反射率 ………………………………………………… 22
　　　3.1.2　材料表面状態と反射率 …………………………………… 23
3.2 材料の光吸収 ………………………………………………… 24
　　　3.2.1　光吸収 ……………………………………………………… 24
　　　3.2.2　多光子吸収 ………………………………………………… 26
3.3 単一パルスエネルギー ……………………………………… 27
3.4 光の消衰係数と浸透深さ …………………………………… 33
　　　3.4.1　材料の消衰係数 …………………………………………… 33
　　　3.4.2　光の浸透深さ ……………………………………………… 36
3.5 プラズマの発生と圧力波 …………………………………… 40
　　　3.5.1　レーザー誘起プラズマ …………………………………… 40

iv

  3.5.2 プラズマと圧力波 ･･････････････････････････････････････ 42

3.6 超短パルスと金属の表面科学 ･･･････････････････････････ **49**
  3.6.1 フェムト秒レーザー加工の表面分析 ･･･････････････････ 49
  3.6.2 照射表面の化学分析 ･･･････････････････････････････ 50

3.7 レーザー照射による加工現象 ･･･････････････････････････ **55**
  3.7.1 光子エネルギー ･･･････････････････････････････････ 55
  3.7.2 極短パルスのレーザー照射とアブレーション過程 ･･････ 57

3.8 超短パルスレーザー加工の考察 ･･･････････････････････ **58**

第 4 章 代表的な微細レーザー加工 63

4.1 微細穴あけ加工 ･･ **64**
  4.1.1 解析方法 ･･ 64
  4.1.2 実加工実験 ･･･････････････････････････････････････ 71
  4.1.3 加工におけるエネルギーの配分 ･･･････････････････････ 73

4.2 極薄板の切断加工 ･･･････････････････････････････････････ **76**
  4.2.1 加熱源スポット形状の速度依存性 ･･･････････････････ 76
  4.2.2 表面に発現する光源の形状測定 ･･････････････････････ 77
  4.2.3 極薄板の切断加工 ･････････････････････････････････ 82
  4.2.4 ファイバーレーザーによる高速加工 ･････････････････ 87

4.3 表面機能化 ･･･ **93**
  4.3.1 高分子材料の表面機能化 ･････････････････････････ 93
  4.3.2 固体の接触角と自由エネルギー ･･････････････････････ 94
  4.3.3 金属材料の表面機能化 ･････････････････････････････ 105
  4.3.4 レーザー加工とトライボロジー ･･････････････････････ 107
  4.3.5 表面ポリシング ･･････････････････････････････････ 108
  4.3.6 レーザーテクスチャリング ･････････････････････････ 109

4.4 ガラス系材料の微細加工 ･････････････････････････････････ **111**
  4.4.1 石英ガラスの表面加工 ･････････････････････････････ 112
  4.4.2 ガラスの内部加工 ･････････････････････････････････ 118
  4.4.3 ガラスの切断加工 ･････････････････････････････････ 125
  4.4.4 ガラスの吸収率と反射率 ･･･････････････････････････ 136

第5章 精密微細レーザー加工の実際 139

5.1 赤外レーザーによる各種の精密微細加工 ･････････････････ **140**
5.1.1 CO₂ レーザーによる微細加工 ･･････････････････････ 140
5.1.2 1 μm 帯レーザーによる微細加工 ････････････････････ 142
5.2 精密微細加工の産業応用 ･･････････････････････････････ **145**
5.3 AM 加工技術 ･･･････････････････････････････････････ **148**
5.3.1 AM 加工とは ･･････････････････････････････････ 148
5.3.2 レーザー光積層造形技術の種類 ･････････････････････ 148
5.3.3 AM 法の現状 ･･････････････････････････････････ 150
5.3.4 AM の加工事例 ････････････････････････････････ 155

第6章 マイクロ微細レーザー加工の実際 159

6.1 マイクロ微細加工とは ･･･････････････････････････････ **160**
6.1.1 マイクロ微細加工の定義 ･･････････････････････････ 160
6.1.2 マイクロ加工用レーザー ･･････････････････････････ 160
6.2 マイクロ微細穴加工法 ･･･････････････････････････････ **161**
6.2.1 光学系の調整 ･･････････････････････････････････ 161
6.2.2 穴あけ加工の種類 ･･････････････････････････････ 162
6.2.3 極薄板の最小穴径の限界 ･･････････････････････････ 165
6.3 穴あけ加工の最小化 ･････････････････････････････････ **167**
6.3.1 パルス幅の影響 ････････････････････････････････ 167
6.3.2 金属の穴あけ加工 ･･････････････････････････････ 171
6.4 非金属材料の穴あけ加工 ･･････････････････････････････ **173**
6.4.1 セラミックス系材料の穴あけ加工 ･･･････････････････ 173
6.4.2 高分子材料の穴あけ加工 ･･････････････････････････ 175
6.5 フェムト秒レーザーによる加工 ････････････････････････ **178**
6.5.1 立体形状加工 ･･････････････････････････････････ 178
6.5.2 加工量と表面デブリ ････････････････････････････ 180

第7章 短パルス微細レーザー加工の現状 189

7.1 短パルスレーザーによる加工 ･･････････････････････････ **190**

7.1.1	レーザーと微細加工	190
7.1.2	短パルスレーザーの応用	191
7.1.3	波長別の応用加工	191

7.2 マイクロ微細加工の産業応用 **192**

7.2.1	ポリイミド系材料のレーザー加工	192
7.2.2	リチウムイオン電池の切断加工	194
7.2.3	プリント基板の穴あけ加工	199
7.2.4	エキシマレーザーによる表面剥離加工	202
7.2.5	炭素繊維強化プラスチックの切断加工	208

7.3 マイクロ微細加工の課題と展望 **211**

7.3.1	フェムト秒レーザーの機械加工への応用	211
7.3.2	ピーク出力と加工	215
7.3.3	マイクロ微細加工の課題	215

第8章　微細加工用短パルスレーザーの安全　219

8.1 安全基準 **220**

8.1.1	規格および基準の動向	220
8.1.2	日本の JIS による安全基準	220

8.2 安全の目安 **221**

8.3 加工と安全 **223**

8.3.1	レーザーと安全	223
8.3.2	レーザーによる障害	224

8.4 加工時の安全対策 **225**

8.4.1	レーザー光に対する安全	225
8.4.2	レーザー作業の安全	226

8.5 その他の安全対策 **228**

8.5.1	安全予防の実施と定期点検	228
8.5.2	日常安全衛生の奨励	228

あ と が き **229**

索　　引 **233**

第1章

レーザーによる微細加工

1.1 微細加工とは————————2
1.2 微細加工の歴史的経緯————5
1.3 微細加工の特徴——————6

加工精度を機械加工の観点から考えた場合，汎用の切削では除去量において
ミリ（mm）単位やコンマ台を扱うことが大半であるのに対して，超精密の分
野の加工では数十ミクロンから数ミクロン（µm）あるいはそれ以下の加工を
扱う．このように機械加工では工具による加工精度を除去量の大きさと関連付
けていることが多い．しかし，工具と加工精度の区分はおおむねあるものの，
微細加工法を加工機械などに関連づけた正確な定義がある訳ではない．

　レーザーによる加工分野では微細加工は慣用的に用いられているが，その用
法や定義があいまいで，不確定であることが多い．レーザーは根本的に機械加
工とは異なる．概してレーザーの違いによって，微小な除去量で加工し得る加
工法が存在する．レーザーは集光性に優れていることから，一般に波長に応じ
て微小な熱源スポットを得られる．これが微細加工に適しているとされている．
赤外光レーザーでもサブミリメートル（sub-millimeter）の除去量や加工精度
を得ることができる．これでも赤外レーザーとしては十分に精密加工であるが，
短パルスレーザーや超短パルスレーザーでは，マイクロ台（in the order of
µm）の加工やさらにそれ以下のナノメートル（nm）の超微細な除去加工も可
能である．したがって，レーザー加工ではレーザー独自の除去量と加工精度で
微細加工を定義するのが適当と考える．

　マイクロ・微細加工とは，少なくとも加工の対象がミリメートル以下のコン
マ台のことを指すのが一般的で，その範囲は $100\,µm$ 以下を対象とするものと
思われる．すなわち，ミクロン台の加工であることを意味する．しかし，何が
ミクロン台なのかと考えると，それを明確に示すものはない．例えば，材料の
厚み，加工量，加工精度がミクロン台の加工の場合などがあるが，レーザーで
厚みが $1\,mm$ を下回った加工のときは，すべてマイクロで微細な加工であると
考えることができる．ただ，歴史的に先行する工作機械関係ではマイクロ加工
は既に用いられていて，機械加工での扱いは詳細においてレーザー加工とは異
なると考えられる．ここでは，事の始めにこれらを少し整理してみたいと思う．

1.1　微細加工とは

　微細加工については何となく理解していても定義があいまいで，微細加工自
体の解釈があまりなされておらず未知の部分も多い．微細は英語でマイクロ
（micro-）はもともと微小・微量を意味する名詞もしくは連結形で形容詞化し
たものであるが，長さや厚みの単位としてはマイクロメートル（µm）または
ミクロンは $1/1{,}000\,mm$ 台である．工作機械の分野で微細加工という場合はほ
とんど微量の加工量を意味し，その結果，加工精度もミクロンオーダ，または
それ以下を意味することが多い．一方，レーザー加工においての微細加工とは，

図1.1　レーザー加工における微細加工

少なくとも加工の対象や目標がミリメートル以下のコンマ数ミリ・数十ミリ台を指すのが一般的で，その範囲は，サブミリ以下，すなわち数 100 μm 以下を対象とするものと思われる．またマイクロ加工という場合は，少なくも数十ミクロン台以下の加工であることを意味する．しかし，何がミクロン台なのかはあまり明確ではない．

　ミクロン台というときは，i）対象となる材料の厚みがミクロン台であるか，ii）1回当たりの加工量がミクロン台であるか，iii）加工量が極めて少量で最終の加工寸法と加工精度がミクロン台の加工の場合などが考えられるが，正確な定義はなく意味の上でも明確ではない．しかし，先に述べたようにレーザーによってこれらの条件の加工を達成したときは，すべてレーザー微細加工と称する．

　レーザーによる微細加工をさらに検討すると，従来の中出力の赤外レーザーによる加工であっても条件を絞るとかなり精密で緻密な加工がなされる場合がある．これらを本書では精密微細加工と称することにする．赤外レーザーにより極薄板に微細な細工を施すもので，例えば，加工で残された狭い幅（残し幅とも言う）を意味する桟幅が非常に小さく，おおよそサブミリメートル（0.1 mm 台）で，コンマ数ミリの加工が可能な場合などがこれに分類される．中出力赤外レーザーによる精密微細加工はかなり細かい加工が可能であるが限界もある．一方，短波長レーザーや短パルス／超短パルス発振レーザーなどによる加工では，深さや幅などの加工量がマイクロオーダ，あるいはそれ以下で加工を制御することができるもので，加工で数～数十マイクロメータ（～数十 μm 台），またはそれ以下のナノメータ（～数 nm）での微細加工を，ここではマイクロ微細加工と称することにする．レーザー加工でのナノスケールの加工が可能なレーザーによる微細加工は今後に期待されるものとして，現時点ではマ

1.1 微細加工とは

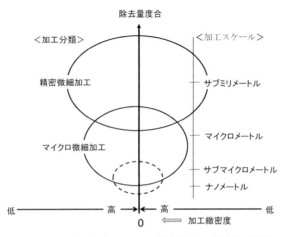

図1.2 レーザー微細加工における除去量と加工緻密度の関係

イクロ台以下はマイクロ微細加工で扱う．その関係を図1.1に示す．精密微細加工の中にマイクロ微細加工が含まれる．

　レーザー微細加工では，加工の除去量と緻密度から見る必要がある．除去量と緻密度の関係を図1.2に示す．縦軸を除去量とし横軸を加工の緻密度にとって考えると，除去量は原点から遠ざかるほど大きくなり，緻密度は反対に原点

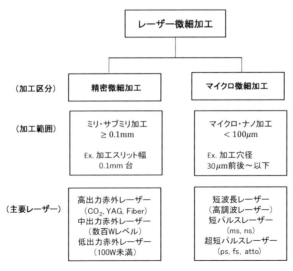

図1.3 レーザー微細加工における定義と範囲区分

から遠ざかると低下する．すなわち，原点に近いほど除去量の度合いは小さく，加工の緻密度は高くなり，加工がより微細であることを意味する．したがって，本書では，精密微細加工はサブミリメートル以下の加工を扱い，マイクロ微細加工ではマイクロメール台の加工を扱う．マイクロメートル以下の加工では，それを意図した専用加工装置が特には存在しないことからマイクロ微細加工として扱う．また，ここでの集合は小さいほどその加工範囲は限定される．また，明確に区分されるのではなく，それぞれ重なる領域が存在する．

　マイクロ微細加工で扱う機器は，主に微細加工を意図した短パルスや超短パルスレーザー発振器による加工がこれらに属する．これら加工の特徴から大別してレーザーは精密微細加工とマイクロ微細加工に区分することができるが，加工範囲と主要レーザーの関係を含めて図 1.3 にレーザー微細加工における定義と範囲の区分を示す．

1.2　微細加工の歴史的経緯

　レーザー微細加工を語るには，まず初めにエキシマレーザーに触れない訳にはいかないだろう．1970 年に N. Basov らによってエキシマレーザー出現し，その後に高出力化して 1990 年以降には紫外線レーザーの特徴から，樹脂や薄い金属の微細な穴加工や溝加工ができることで関心が高まった．短い波長は集光特性に優れ，微小のスポット径を得ることができるためであった．しかし，装置が高価なこともあり，産業への普及は大きくはなかった．その後，1995年以降にその工業的な応用が半導体リソグラフィーとアニーリングに特化され，その主役も KrF（248 nm）からより線幅の狭い加工へ移行するために ArF（193 nm）に変わってきた経緯がある．

　その一方，1990 年を以降に波長変換の技術が発展し，産業用に供する YAGレーザーによる高調波固体レーザーへの開発につながった．その後に，産業界に普及しレーザー媒質も従来の Nd：YAG に続いて固体結晶も多様化し，Nd：YLF および Yb：YVO$_4$ などの 1 μm 帯のレーザーを基本に，この光に波長変換素子を通して第 2 高調波レーザー（532 nm 前後），第 3 高調波レーザー（355nm 前後），第 4 高調波レーザー（266 nm 前後）などを取り出し，波長を短くする短波長化へと大きく展開した．そのため，1995 年以降に再びミクロンオーダの加工へ拍車がかかったという経緯をたどっている．

　そして現在では短波長レーザーに加えて，パルス幅（発振持続時間）を短くする短パルス化が進み，短パルス，超短パルス発振レーザーが微細加工の主流ともなっている．また，2010 年前後には比較的コア径の小さいファイバーレーザーが発展し，これを用いたファイバーレーザーの短波長化や短パルス化も出

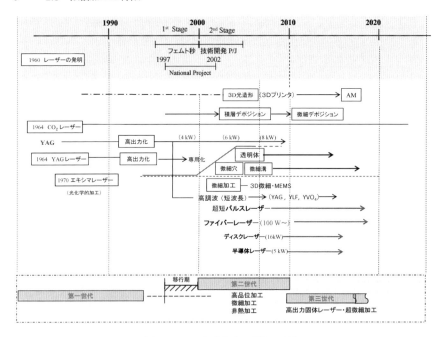

図 1.4 レーザー微細加工技術の変遷

現した．これらの経緯を図 1.4 に示す．なお，上記年代には開発・研究レベルや実験室レベルの開発はここでは含んでいない．

1.3 微細加工の特徴

　前述のように，発振波長を短くする短波長化は，現在では第 5 高調波まで取り出しが可能となった．高調波レーザーの出力が向上し，第 2 高調波（グリーン：$\lambda = 532$ nm）ではシングルモードで 50 W，第 3 高調波（紫外線レーザー：$\lambda = 355$ nm）では 30 W まで取り出されている．結晶母材は YAG，YLF，YVO_4 とさまざまであり，後者は高繰り返し向けなどとそれぞれ特徴をもっている．また，短波長化によって，加工では材料固有の吸収波長の違いから金属などでは吸収率が上昇する．そのため異なった加工特性が得られる．また，短波長化は集光特性が著しく改善される．このような理由から，短波長レーザーを利用した微細加工への応用に活発化した．特に，材料表面の微細な穴加工や溝加工や表面加工への取り組みが盛んに行われるようになり，産業界でもレーザー応用のマイクロ加工化が始まった．

　パルス発振の持続時間を短くする短パルス化技術の発展も大きく加工のマイクロ化に貢献した．現在の産業用レーザー加工装置でのパルス幅（発振持続時

間）は，ナノ秒（ns：10^{-9} 秒），ピコ秒（ps：10^{-12} 秒），フェムト秒（fs：10^{-15} 秒）までが用いられている．パルス幅がフェムト秒の代表的なレーザーはチタンサファイヤレーザー（$\lambda = 800\,\text{nm}$）であった．しかし，現在では Yb^{3+}：KGW 結晶（$\lambda = 1{,}030\,\text{nm}$）なども出現している．これらがマイクロ加工・ナノ加工の実現を可能にしている．

　現在の波長変換素子は変換効率がさほど高くなく，その関係で短波長化では波長変換の過程で出力は低下することを避けられない．また，パルス幅を短くする短パルス化でも，例えばフェムト秒レーザーなどでは，フェムト秒レーザーの種光を取り出せる出力に制約が上に，途中の増幅器の耐光強度限界など技術的な問題から現状では高出力化はあまり望めない．

　このような現状の状況下では，短パルス，超短パルスレーザーでは，ごく薄板の材料かまたはごく表面の加工が対象となっている．なお，アト秒パルスレーザー（attosecond：10^{-18} 秒）も出現しているが，生産技術に関連した産業応用はまだ先になるものと思われるのでここでは割愛する．

第2章

微細加工用レーザー

2.1　微細加工用レーザーの種類 ————— **10**

2.2　微細加工用レーザー発振器 ————— **11**

　2.2.1　短波長化レーザー ————————— 11

　2.2.2　短パルス化レーザー ————————— 14

レーザー発生装置（発振器）の発振方式にもいくつかの種類があり，その方式によっても加工はそれぞれ異なった特徴を有する．ここでは，微細加工用に用いられているレーザーで，しかも産業用として広く用いられている代表的な各種レーザーを扱う．ただし，産業用としてはまだあまり用いられていない研究レベルのレーザーは除外する．

2.1 微細加工用レーザーの種類

現在，市販されている産業用レーザーのほとんどは微細加工に用いられている．図2.1に市場に出回っている主な産業用レーザーの一覧を示す．微細加工を実現するレーザーは波長やパルス幅によらない．理由は広く用いられている高出力レーザーも出力を絞って，微細加工を実現しているからである．実例として，後の章で述べるが，CO_2レーザーによる微細加工，ファイバーレーザーによる微細加工がある．微細の範囲に限界はあるが，短パルス・超短パルスレーザー以外の赤外レーザーでもそれなりに実現している．この場合，加工対象は

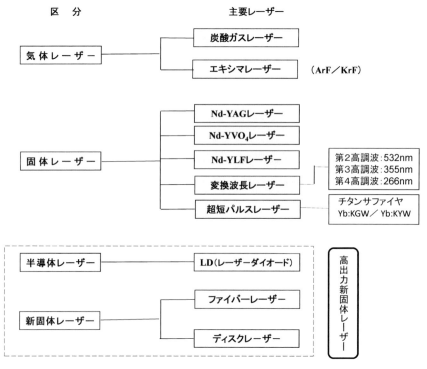

図2.1 産業用レーザーの一覧

第 2 章　微細加工用レーザー　　11

表 2.1　微細加工用レーザー

レーザー		波長領域	相対比較	発振波長 (nm)	レーザー媒質
赤外光レーザー		赤外	長波長	10,600	CO_2（$CO_2 + N_2 + He$）
		赤外	長波長	9,300	CO_2（$CO_2 + N_2 + He$）
可視光レーザー		近赤外	長波長	532/515	第 2 高調波
紫外光レーザー		近紫外	短波長	355/349	第 3 高調波
				266/261	第 4 高調波
		遠紫外	短波長	193	エキシマ：ArF
				248	エキシマ：KrF
超短パルス発振レーザー（基本波長表示）（波長変換有）	ピコ秒	近赤外	長波長	1,064	Nd：YVO_4／YAG モードロック
		近赤外	長波長	1,064	Fiber／1,040／1,552
	フェムト秒	近赤外	長波長	800	Ti：A_2O_3 結晶（チタンサファイヤ）
		近赤外	長波長	1,030	Yb：KGW 結晶／（Yb：KYW）

薄板に限定さえることが多い．基本的に厚板での微細加工というものは存在しない．

　より詳細に分類した微細加工用レーザーを表 2.1 に示す．最近の固体結晶には種々のものがある．従来から YAG 結晶（イットリウム・アルミニウム・ガーネット）に Yb^{3+}（イッテルビウム）をドープした波長 $\lambda = 1{,}030\,nm$ が主だったが，新しい超短パルス増幅器用の結晶として KGW 結晶（カリウム・ガドリニウム・タングステン）に Yb^{3+} をドープした波長 $\lambda = 1{,}025\,nm \sim 1{,}060\,nm$ の広帯域（broadband）で平均波長 $\lambda = 1{,}030\,nm$ のものと，KYW 結晶（カリウム・イットリウム・タングステン）に Yb^{3+} をドープした波長 $\lambda = 1{,}020\,nm \sim 1{,}045\,nm$ の広帯域でチューニングが可能なものが登場している．上記の結晶は高出力，超短パルスを生成するために用いられる低量子欠損材料である．

2.2　微細加工用レーザー発振器

2.2.1　短波長化レーザー

(1)　高調波レーザー

　波長を短くすることを短波長化というが，短波長化は，基本波からでたレーザー光を波長変換素子に通過させることで波長を短くするもので，高調波を取り出す技術である．代表的な Nd の 3 価イオンをドープした YAG レーザーの高調波では，Nd^{3+}：YAG の基本波（1,064 nm）から変換素子を用いて波長変換することで得ることができる．高調波は，周波数 ω のレーザー光と原子・分子・固体など，その物質との非線形相互作用によって ω の整数倍である $n\omega$（$n > 2$）の光が放出される現象で，例えば第 2 高調波 SHG の場合には，変換素子を通過した光が基本波の 2 倍の振動数をもった光として取り出すことが

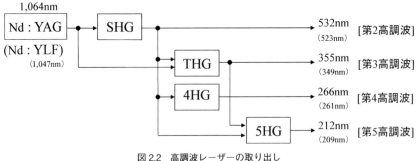

図 2.2　高調波レーザーの取り出し

できる．2次の非線形効果に基づいて媒質に入射した光が元の光（基本波）の2倍の振動数の光，すなわち第2高調波が発生させるのである．2倍の振動数をもつことから波長は約 1/2 の値になる．これが第2高調波で，1 μm の基本波長に対して 500 nm 近傍の第2高調波を得ることになる．以下同様に，図 2.2 に示したような経路をたどってそれぞれ3倍の振動数で波長は約3分の1の第3高調波，4倍の振動数で波長は約4分の1の第4高調波となるのである．このような方法で，第2高調波（SHG：532 nm），第3高調波（THG：355 nm），および第4高調波（4HG：266 nm）など，赤外領域から紫外領域のレーザーを取り出す技術が開発され，結果的に短波長化を実現している．ここで，SHG は second harmonic generation，THG は third harmonic generation などの略語を指す．

　なお，Nd^{3+}：YAG の他に，基本波で用いるレーザー結晶には，YAG 以外にも YVO_4（イットリウム・バナデート：波長 1,064 nm）や YLF（イットリウム・リチウム・フルオライド：波長 1,047 nm）なども利用されていて，最終的に取り出される波長も若干違ってくる．

　結晶である YVO_4 は，YAG 結晶より高繰り返しの発振に適しているとされる．また，パルス幅も小さく高いピーク値を得られる．現在，高調波レーザーでシングルモードの場合，SHG（$\lambda = 532$ nm）で 45 W，THG（$\lambda = 355$ nm）で 30 W，4HG（$\lambda = 266$ nm）で 3 W を取り出しているが，年々出力は増加傾向にある．変換素子としては，第2高調波発生では LBO 結晶，KTP 結晶などを用い，第3高調波発生では CLBO 結晶などが用いられる．

(2)　エキシマレーザー

　エキシマ（excimer）は，基底状態の原子と励起状態の原子からなる分子のことで，エキシマダイマー（excimer dimer）の略である．ダイマー（dimer）は2個の原子が重合して生じる分子（2量体という）のことで，励起によって

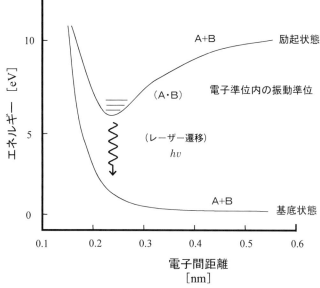

	媒質ガス (A, B)	波長 [nm]	光子エネルギー	
			[eV]	[kcal/mol]
エキシマ レーザー	ArF	193.0	6.4	147.2
	KrF	248.0	5.0	114.1
	XeCl	308.0	4.0	92.2
	XeF	351.0	3.5	81.1

図2.3 エキシマレーザーのレーザー遷移の概念図

作りだされる．Ar，Kr などの希ガスは基底状態では不安定で，励起状態では安定な2原子分子で，ArF，KrF などのようにハロゲン化された励起状態においてだけ存在することができる特殊な化学的レーザーである．

　比較的ピークの高い紫外領域の短パルス光を発振させることができる．現在，産業用に用いられている主なエキシマレーザーは希ガスハライド系エキシマレーサーで，代表的なものに ArF（193 nm），KrF（248 nm），XeF（351 nm），XeCl（308 nm）などがある．準位の寿命が短いので連続発振できないが，1パルス当たりのエネルギーは，およそ 100〜500 mJ で，パルス幅が数 10 ns（10^{-12} 秒）と極めて短いという特徴をもっている．図2.3 には，エキシマレーザーの発振の概略図を示す．また，図中に代表的な希ガスハライド系エキシマレーザーと発振線を示す．

2.2 微細加工用レーザー発振器

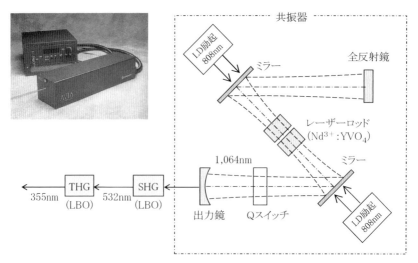

図2.4 ナノ秒レーザー（第3高調波）発生のしくみ

このように短波長でかつ短パルスで，レーザーの動作としては，高繰り返しが可能で，平均出力は高く，短パルスで大エネルギーなため，高分子材料の微細化学加工や樹脂，ガラス，セラミックスのマーキングなどに利用されてきた．しかし，大面積の面加工を除いては，装置価格と各種短パルス・短波長の固体レーザーの出現で現在では半導体のリソグラフィーやアニーリングなどにもっぱら用いられるようになってきた．

2.2.2 短パルス化レーザー

短波長化に対して，もう1つの技術革新にパルス幅を狭める短パルス化がある．最近では短パルス化が進み非常に短いパルス幅のレーザーが開発されてきた．パルス幅とはパルス発振の持続時間(pulse duration)のことで，レーザーが発振している時間幅をいう．したがって，パルス幅は時間そのものである．このように発振の時間幅を短くしたレーザーが短パルス化レーザーである．短パルスレーザーにはナノ秒レーザー（10^{-9}秒），ピコ秒レーザー，フェムト秒レーザーなどがあるが，特に波長の極端に短い，ピコ秒レーザー（10^{-12}秒）とフェムト秒レーザー（10^{-15}秒）このことを，超短パルスレーザーまたは極短パルスレーザーと称している．

(1) ナノ秒パルスレーザー

ナノ秒レーザー発生の例として，第3高調波の具体的な構造を図2.4に示す．共振器は中心に$Nd^{3+}:YVO_4$（バナデート）結晶のロッドが置かれ，その両

表 2.2　微細加工用ナノ秒レーザー

(参考：ナノ秒 LD 励起高繰返し固体レーザー)

レーザー形式	CA-355	CA-532
発振波長	355 nm	532 nm
平均出力	10W（60 kHz）	30W（120 kHz）
繰り返し周波数	Single ～ 300kHz	Single ～ 300 kHz
パルス幅	＜ 35 ns	＜ 60 ns
ビーム品質	$M^2 < 1.3$	$M^2 < 1.3$
出力安定性	＜ 5%	＜ 5%
偏光	直線（水平）	直線（水平）
ビーム径	2.5 mm	3.5 mm
広がり角	＜ 0.3 mrad	＜ 0.4 mrad

側に励起用の LD（半導体レーザー）を配置し，レンズで絞って光軸上で入射させる．この励起用の LD の波長には，結晶 YVO$_4$ の吸収線波長が近い波長 λ＝808 nm が用いられている．LD による励起光の取入れ口にはこの波長を透過して，発生波長の λ＝1,064 nm を反射するミラーで両端を挟み，結晶から取り出された赤外線波長だけを Z 形で構成した共振器の全反射鏡（refracting mirror）と出力鏡（output mirror）の 2 つのミラー間で増幅させて，一定しきい値以上のものが出力鏡から取り出される．ここで発生した波長 λ＝1,064 nm の光は第 2 高潮波（SHG）を取り出すための変換素子（LBO）によって波長 λ＝532 nm が取り出される．その後さらに第 3 高調波（THG）への変換素子（LBO）を通過して波長 λ＝355 nm を得ることができる．この際，この系の基本波長 λ＝1,064 nm も同時に発生するが，ビームスプリッタで分割して赤外線を分離して最終的に第 3 高調波のみを抽出するようにしている．ただし，変換効率は 30 数％と低いために，絶対出力が比較的低い．また，一例として，表 2.2 にはナノ秒レーザーの仕様を示す．

(2)　超短パルスレーザー

　最近の短パルス加工では，この超短パルスレーザーが主に活躍している．ピコ秒レーザーおよびフェムト秒レーザーともに，波長の多様性がでてきたことに加えて，出力も増加してきた．なお，これらの表は各社の仕様を基に概略を作成したもので，メーカによってキャビティー長やアンプの利用など構造や方式がそれぞれ異なることから出力も各様であるため，これにより発振器の比較や判定材料にはならないので，単なる参考程度とされたい．その幅はピコ秒（10^{-12} 秒），フェムト秒（10^{-15} 秒）というごく短い幅（時間）で，最近ではアト秒（10^{-18} 秒）のパルス幅をもつレーザーも出現しているがここでは省略

16   2.2 微細加工用レーザー発振器

表 2.3 産業用微細加工レーザー

(参考：ピコ秒 LD 励起高繰返し固体レーザー)

レーザー型式	BH-L 1064	SH-L 533	TH-L 355
発振波長	1,064 nm	533 nm	355 nm
平均出力	16 W	8 W	＞2 W
繰返し周波数	90 MHz	90 MHz	90 MHz
パルス幅	＜8 ps	＜7 ps	＜7 ps
ビーム品質	TEM$_{00}$ M^2＜1.3	TEM$_{00}$ M^2＜1.3	TEM$_{00}$ M^2＜1.5
出力安定性	2.00％	2.00％	3.00％
偏光	直線（垂直）	直線（垂直）	直線（垂直）
ビーム径	1.8 mm	1.5 mm	～3.0 mm
拡がり角	＜0.8 mrad	＜0.8 mrad	＜1.5 mrad

するが，このように微小時間の発振が可能となってきた．この結果，パルスの尖頭値（せんとう）が非常に高くなり，これを用いて時間の微細化や空間の微細化への応用が実現できるようになった．パルス時間を短くする技術として Q スイッチ（Q-switch）やモードロック（mode-loch）の短パルス化技術が使用される．

a. ピコ秒レーザー

ピコ秒レーザーで種光となるレーザーにはほとんどモードロックレーザー（mode-locked laser）を用いているが，その種類は Nd^{3+}：YAG レーザー，Nd^{3+}：YVO$_4$ レーザー，チタンサファイヤレーザーなど多様である．基本的に，レーザーはいくつかの波長のレーザー光が混ざり合った多モード発振をしているが，その間隔は必ずしも等間隔でなく干渉しあってピークが不規則になる．そのため，共振器の間を光が一往復する時間に合わせて，適当に種光の強度を変えると波長の間隔が一定になり，干渉して強くなった増幅光のみを発振させて位相の揃った尖頭値の高い瞬間のパルスピークを取り出すことができる．

超短パルスレーザーに用いるレーザー物質（媒質）としては，広帯域利得であることが必要とされる．縦モードの全体帯域幅を表すパルスの幅が利得帯域幅であるが，利得帯域幅（gain bandwidth）は増幅が得られる波長幅のことで広帯域はレーザー発振する上位の準位の幅が広く発振寿命が短いことを意味する．波長幅が広いほど干渉し合い速い速度で減衰・消滅するので，ごく短いピコ秒，フェムト秒オーダのパルス幅が得られる．現在では種々のレーザーが種光に用いられており，最終的に得られるパルス幅や波長もさまざまであるため，すべてを代表して記述するのは難しい．表 2.3 ピコ秒レーザーの仕様の例を示す．

ピコ秒とフェムト秒の発生の原理にはあまり差異はない．例えば，種光を取

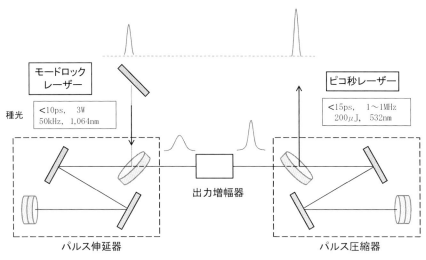

図2.5 ピコ秒レーザー光の発振

り出すチタンサファイヤ（$Ti^{3+}：Al_2O_3$）レーザーのバンド幅（利得帯域幅）が100 fs のときに 12〜13 nm であるのに対して，ピコ秒レーザーの場合はこれをカットして数〜1 nm 程度に小さくすることによってピコ秒（picosecond：$ps=10^{-12}$ 秒）のパルス幅を得ている．種光から出た光は一旦パルス伸延器（pulse stretcher）にかけてピークを低くした後に，出力増幅器を通して増幅しパルス圧縮器（pulse compressor）でパルス幅を小さくして数ピコ秒（2 ps）を取り出している．

この手法は1985年ミシガン大学の Mourou らにより考案されたもので，チャープ増幅器（CPA：charped pulse amplification）といい，短パルスの増幅に用いられる．

現在，産業用全固体ピコ秒発振レーザーとしては，波長は 1,064 nm の他にも 355 nm，532 nm の 15 ピコ秒以下のレーザー光を得ている．出力は数W以下とあまり大きくはない．種光レーザーとしてはLD励起モードロック Nd：YVO_4 レーザー（1,064 nm）などもあり，増幅するためにLDをスタック化することで高出力を得ているものもある．ピコ秒レーザーの発生原理を図2.5 に概略図で示す．種光は3W で波長 $\lambda=1,064$ nm であるが，結果的に，1波長 $\lambda=532$ nm の 200 μJ の 5 ps 以下のピコ秒レーザーを取り出されている．

b. フェムト秒レーザー

フェムト秒（femtosecond：fs）は 10^{-15} 秒のことである．現在では約100

2.2 微細加工用レーザー発振器

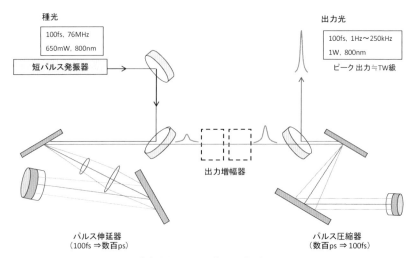

図 2.6 代表的なフェムト秒レーザー光の取り出し

fs 程度が得られているが，1 fs という速さは光速（$c = 2.99725 \times 10^{10}$ cm/s）と比較して，その光が $0.3\,\mu$m 進む程度の極短時間である．もともとのレーザー出力が小さくても，このパルス幅は極めて小さいので極端に大きなパルスピーク出力を得ることができる．この結果，フェムト秒のパルスの尖頭値は TW（terawatt）クラスが得られ，空間的にはナノメートル（nm）オーダの分解能が実現できるようになった．そのため，光の計測や瞬間の化学的反応過程の観察が可能となり，加工では熱拡散の抑制が可能となった．

超短パルスのフェムト秒を得る方法として，その代表的な例を図 2.6 に示す．比較的小型のフェムト秒発生装置を用いて増幅する方法が取られている．波長 $\lambda = 800$ nm，周波数 76 MHz で，出力 650 mW，パルス幅が 100 fs のレーザー種光に，一対のグレーティングで構成されたパルス伸延器で，100 fs を，一旦数百 ps に変換する．このように幅を広げた光を増幅して，その後に同様に一対のグレーティングで構成されたパルス圧縮器で，パルス幅の数百 ps を 100 fs に戻すのである．そうすると，パルス幅がフェムト秒でピーク（尖頭）出力の極めて高い増幅された光を得ることができる．既に述べたように，本方式は固体レーザーによる超短パルス増幅技術はとして広く知られている．縦モードの間隔を各スペクトル周波数とモード間の位相差を適当に選んでレーザー出力のスペクトルを同期するモードロック技術を用いたものである．レーザー媒質にはチタンサファイヤ（$Ti^{3+} : Al_2O_3$）結晶を Ar イオンレーザー，または YAG の第 2 高調波で励起するチタンサファイヤレーザーによって超短パルス

第2章　微細加工用レーザー　　19

表2.4　産業用微細加工レーザー

(参考：フェムト秒 LD 励起高繰返し固体レーザー)

レーザー型式	Ti：Sapphire	C-R-FX	R-200
発振波長	800 nm	1,030 nm	1,552 nm
平均出力	930 mW	10 W	＞ 10 W
繰返し周波数	80 MHz	100 MHz	100 MHz
パルス幅	＜ 12 fs	＜ 900 fs	＜ 800 fs
ビーム品質	TEM$_{00}$ M^2 ＜ 1.5	TEM$_{00}$ M^2 ＜ 1.3	TEM$_{00}$ M^2 ＜ 1.4
出力安定性	0.5%	2.0%	3.0%
偏光	直線	直線	直線
ビーム径	＜ 1 mm	5 mm	～ 3.8 mm
拡がり角	＜ 1 mrad	＜ 0.8 mrad	＜ 1 mrad

光を発生させている．表2.4 にフェムト秒レーザーの仕様の例を示す．

　増幅のためのアンプもチタンサファイヤの結晶であるため，励起源としてグリーン光（$\lambda = 532$ nm）を用いている．このアンプ内にパルス伸延器およびパルス圧縮器が内蔵されている．最近では上記のすべてを筐体内に収めた一体型もある．

　超短パルスレーザーとしてチタンサファイヤレーザー（Ti^{3+}: A$_2$O$_3$ 結晶）は非常に広い利得帯域幅を有している．このシード光源(モードロックレーザー)の励起光源には Nd：YVO$_4$ 結晶を用いた CW 532 nm レーザーが用いられている．また，吸収スペクトルがグリーン領域にあるため，再生増幅器に使用されるレーザー結晶は Nd：YAG または Nd：YLF 結晶を用いた波長 532 nm のパルスレーザーである．特に，Nd：YLF 結晶は kHz 程度の繰返し周波数で高エネルギーパルスを得ることができる．LD 励起フェムト秒レーザーでの一般的な方式は Yb 添加のファイバーレーザーとなるが，スペクトル幅が狭く 700 fs 程度で限界がある．これに対して，Yb：KGW や Yb：KYW はスペクトル幅が Yb ファイバーレーザーよりも広く，100 fs 以下のパルス幅の生成が可能なため，最近では Yb^{3+}：KGW 結晶（$\lambda = 1,030$ nm）などが特に用いられるようになってきた．また，微細加工用レーザーに関しては装置がますます光学機器に近づくか類似してものになってきている．

第3章

微細加工の基礎事項

3.1 光の反射————————**22**
3.1.1 光の反射率————————22
3.1.2 材料表面状態と反射率————23
3.2 材料の光吸収——————**24**
3.2.1 光吸収————————24
3.2.2 多光子吸収————————26
3.3 単一パルスエネルギー———**27**
3.4 光の消衰係数と浸透深さ ——**33**
3.4.1 材料の消衰係数—————33
3.4.2 光の浸透深さ——————36
3.5 プラズマの発生と圧力波——**40**
3.5.1 レーザー誘起プラズマ———40
3.5.2 プラズマと圧力波————42
3.6 超短パルスと金属の表面科学——**49**
3.6.1 フェムト秒レーザー加工の表面分析——49
3.6.2 照射表面の化学分析————50
3.7 レーザー照射による加工現象——**55**
3.7.1 光子エネルギー—————55
3.7.2 超短パルスのレーザー照射とアブレーション
過程————————57
3.8 超短パルスレーザー加工の考察—**58**

レーザー微細加工を学ぶ上で最も重要な現象として，光が材料に照射されたときに生じる光の反射，吸収，そしてレーザー誘起プラズマなどレーザーと材料表面に生じる相互作用の基礎的な事項を述べる．

3.1 光の反射

3.1.1 光の反射率

大気中で幅をもった光を材料面に照射すると，材料との境界面で一部分は反射し元の空間に戻り，一部分は屈折して材料（媒質）に入っていく．また材料によっては一部透過する（図3.1）．ここで反射率をR，吸収率をA，透過率をTとすると，この間には，

$$R + A + T = 1 \tag{3.1}$$

の関係がある．ただし，一般に金属などのようなレーザー加工用材料に用いる固体では透過率はほとんどないか無視できるので，吸収と反射だけを考えればよい．反射には正反射および乱反射（散乱）を含める．

反射率については，ハーゲン・ルーベンス（Hagen-Rubens）の公式が導かれている[1]．

$$R \approx 1 - 2\sqrt{\frac{v}{\sigma}} \tag{3.2}$$

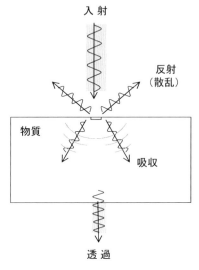

図3.1　材料と光吸収

ここで，v は光の振動数（s^{-1}）で，σ は電気伝導度（s^{-1}）である．

このように，ルーゲン・ハーゲンスの式によれば，主な金属は波長が長いほど反射率は高く，反対に，波長が短いほど反射率は低くなる．また，反射率は電気伝導度の平方根に比例することから，電気伝導度が大きいほど金属の反射は大きくなる．なお，詳細については文献[1]を参照されたい．

3.1.2 材料表面状態と反射率

実際の材料に対する反射率は測定によるほかはない．それは材料の表面状態に依存するからである．一例として，波長 10.6 μm（10,600 nm）の CO_2 レーザーを用いて測定を行った例を図 3.2 に示す．一定出力のレーザー光を試料表

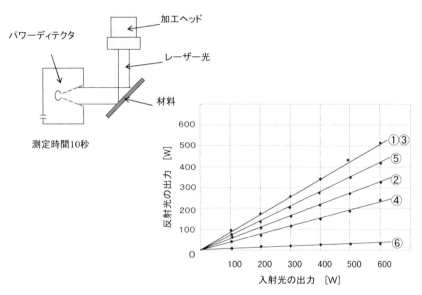

図 3.2 反射率の測定結果

表 3.1 反射率と表面状態

材種	区分	表面状態（仕上げ状態）	反射率（％）
FC20	①	バフ仕上げ（Rz < 2 μm）	85
	②	フライス仕上げ（Rz > 24 μm）	55
SKH5	③	バフ仕上げ（Rz < 2 μm）	85
	④	シャイバー仕上げ（Rz > 24 μm）	40
SUJ2	⑤	研削仕上げ（Rz > 5 μm）	70
	⑥	黒化処理（Rz > 20 μm）	5

面にあて，直角（45°）に折り返される反射光をパワーディテクタで受けて，ここで熱量換算された入射光に対する反射光の割合から反射率を測定した．資料は研磨面仕上げ，フライス面仕上げなど実際に即した表面で比較した．その結果，FC20 の材料ではバス研磨面では 85% 以上が反射され，フライス仕上げ面では 55% の反射を示した．同様に，SKH5 ではやはりバフ研磨面が 85%以上，シェーパ仕上げ面で 40% の反射率を示した．また，SUJ2 の研削面では 70% の反射率を示した．表面をルブライトの黒化処理した面では，反対に 5% の反射でしかない．その結果を表 3.1 に示す．加工方法の下には概略の面あらさ（Rz）を表記した．

3.2 材料の光吸収

3.2.1 光吸収

材料にレーザー光が照射されたときの材料表面での光の振舞いは，一部は反射して残りは材内に吸収される．このことは程度の差はあるがほとんどの材料に当てはまる．光が吸収されるメカニズムには，格子欠陥や自由電子による吸収，格子振動による共鳴吸収などがある．また，材料による光の吸収は波長に依存するばかりか，材料の表面あらさなどの面性状や材内不純物にも影響される．赤外光レーザーによる金属加工の場合，材料内への吸収は自由電子の伝導吸収が支配的であるとされている．

ここで，金属の電気伝導度 σ の代わりに，電気抵抗 r（断面積 $1\,m^2 \times$ 長さ $1\,m$ の試料での直流の値）と書くと，$1/\sigma = 9 \times 10^{15} r$，波長をミクロン単位で表示し，波長 λ を用いると（3.2）式は，

$$\frac{1-R}{\sqrt{r}} = \frac{36.5}{\sqrt{\lambda}}$$

これより，次式を得る．

$$A = 1 - R = 1 - \left(1 - 36.5\frac{\sqrt{r}}{\sqrt{\lambda_{(u)}}}\right) = 11.21\sqrt{r} \tag{3.3}$$

炭酸ガスレーザーのように $10\,\mu m$ 以上の十分波長が長い場合には，かなり正確な値をとることが実験的にも確かめられている．これから主な金属は波長が短いほど吸収率は高く，反対に波長が長いほど吸収率は低いことがわかる．

ちなみに，ほとんどの固体や金属では透過率は無視できるので，式(3.3)の関係から反射率または吸収率のどちらか一方が既知であれば，他方を求めることができる．ただし，吸収率が電気抵抗に比例するので，赤外波長のように長波長の領域においても，温度が高くなると金属の電気抵抗は温度に依存し大き

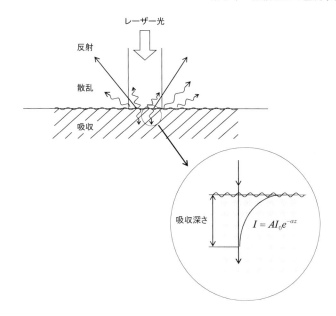

図 3.3　材料面での光吸収

くなるために，結果的に吸収率は大きくなる．レーザー加工プロセスは，材料表面で波長吸収が起こることにより，これがトリガーとなって加工現象を起こすのである．

いま，強さ I_0 のレーザー光が材料表面に照射されたとすると，材料表面での吸収率を A，材料内部の吸収係数を α とした場合，表面からの深さ z での強度 I は，

$$I = AI_0 e^{-\alpha z} \tag{3.4}$$

で与えられることが一般に知られている．すなわち，材料内部で光の強度或いはエネルギーは指数関数的に減衰することになる．また，材料物質以外の真空以外の空気や水分などがある空間を伝搬する光についても式(3.4)が適用される．このように媒質中を伝搬する光は，一部が吸収され，一部は塵や微粒子などによって散乱し減衰する．このように用いる場合には，係数 α は減衰係数と言われる．その関係を図 3.3 に模式的に示した[*]．

---

[*]　電気伝導度 σ (Electrical Conductivity) =電気伝導率：$\Omega^{-1}\mathrm{m}^{-1}$，電気抵抗率の逆数 $\sigma = 1/r$，
　　電気抵抗率 r (Specific Resistance) =比抵抗：$\Omega\mathrm{m}$，したがって，$r = 1/\sigma$，
　　電気抵抗：印加された電場で物質中の荷電粒子（電子・イオン）を加速することによる電荷の流れ（電流）に抵抗する働き．抵抗の主な原因は格子振動や不純物などによる散乱などによるとされる．

3.2 材料の光吸収

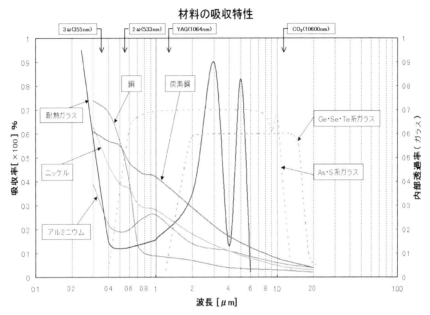

図 3.4 吸収率における材料と波長の関係

なお，材内に吸収される割合を吸収率という．ある波長に対する光の吸収率（または反射率）は材料によってそれぞれ異なる．代表的な工業材料と吸収率の関係を図 3.4 に示す．

3.2.2 多光子吸収

短パルス化と短波長化は微細加工には不可欠である．エキシマレーザーや短波長レーザーなどの紫外線レーザーの場合には，波長が短いため光子エネルギーによる物質の解離（電離）エネルギーは大きいので，光強度に比例して 1 光子の吸収で物質の状態変化を引き起こすことができる．これが線形吸収である．これに対して，光強度が大きくなると複数の光子を同時に吸収するのが多光子吸収である．パルス幅を極端に短くする短パルス化は高密度強度のピーク値をもったレーザー光を実現することができる．パルス幅が短いと光子強度（密度）の高い状態になるが，極端に強度が高くなると，複数の光子を同時に吸収する確率も高くなる．このように光子強度が高いほど確率は急激に高くなるので，"非線形吸収"と言われている．非線形とは，もともと比例しない状態を指し，一次式で近似できないような性質を言うが，時間的にも空間的にも非常に高い光密度となる強い光子場で起こる現象で，レーザー加工では短パルス

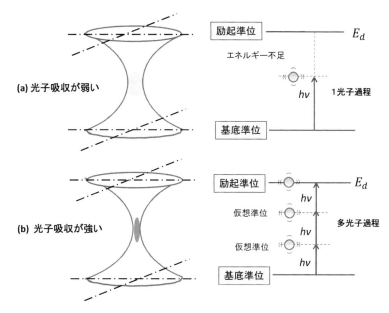

図 3.5 透明材料の多光子吸収過程

レーザーなどによる特殊な場合に生起される現象である．この特殊な場合とは，主にガラスなどの透明材料の加工時に内部で起こる現象である．

仮に，n 個の光子を同時に吸収すれば，n 倍のエネルギーをもつ光子を吸収したことになるが，2 個の光子を同時に吸収すれば，2 個分に相当する解離エネルギーが与えられる．これを 2 光子吸収による加工という．

レーザー強度を非常に大きくすると，

$$nh\nu \geq E_d \tag{3.5}$$

の条件で吸収が生じる．

1 個の吸収では届かないが，n 個の吸収があると基底準位から上の励起準位または解離準位（dissociative level）E_d に到達するのである．多光子吸収は 2 光子，3 光子吸収などがあるが，吸収する光子数が多くなるほど確率は低下する．パルス幅がフェムト秒の集光レーザービームで照射すると赤外波（800 nm〜1 μm 台）でも，短パルス波長でもこの現象は生じる．図 3.5 に多光子吸収の模式図を示す．

3.3 単一パルスエネルギー

一発のレーザー照射の場合，単一パルス，シングルパルス，シングルショッ

3.3 単一パルスエネルギー

パルス発振の電圧波形

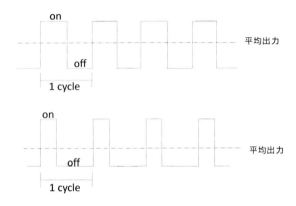

図 3.6 パルス発振の概念

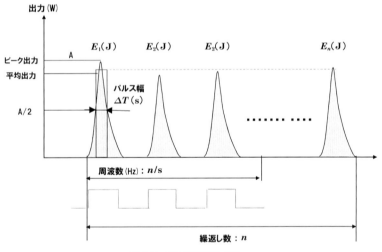

図 3.7 パルス列の模式図

ト，ワンショットなどと称している．表現が多いのに加えて，用語としてまちまちである．ここでは，シングルのパルスを JIS に準拠して単一パルスと呼ぶことにする．

まず，図 3.6 には通常のパルス発振の概念図を示す．ワンサイクル（duty cycle）中には on 時間と off 時間がある．パルスを矩形波と考えて，1 サイクル中に on 時間は 1 回であるので，このサイクル中の on 時間は別途算出される．これに周波数（1 秒当たりの回数）を掛けたものを単位時間当たりの平均出力

第 3 章　微細加工の基礎事項　　29

表 3.2　パルス発振の簡易計算

エネルギー(J) = 単一パルス当たりのエネルギー
　⇒単位時間当たりの総出力を実測して，それを周波数で除してやると単一パルス当たりのエ
　　ネルギーが算出される．
　(1-1)　平均出力(W) = 時間当たりの全出力(J) ÷ (周波数(Hz) × 時間)
　または，
　(1-2)　平均出力(W) = エネルギー(J) × 周波数(Hz)
　　　　　※単位時間とは 1 秒当たりを指すことが多い
　(1-3)　ピーク出力(W) = $\dfrac{エネルギー(J)}{パルス幅(s)}$
※ただし，簡易計算ではパルス波形を考慮していない

と称している．特に，Duty 比は考慮していない．すなわち，単に均等に均した出力（= 平均出力）である．

　また，図3.7 には連続して発振するパルス列の模式図を示す．このようなパルス発振時の微細加工の計算で一般に利用されている簡易計算を表3.2 にまとめて示した．パルスレーザーが広く普及し，微細加工が盛んになるにつれて精度に対する関心が高まってきている．とり分け，パルス幅が小さくなるにつれて実測は難しく，パルスエネルギーはほとんど簡易計算によることが少なくないのが現状である．そこで，短パルスレーザーのパルス幅（発振持続時間）の測定の現状を検証する．

　パルス発振では一定周波数で発振するものが多いが，その場合は平均パルスで求めることができる．また，発振器によっては連続して発振するパルスを任意の時間で，または単一パルス（single pulse）を取り出すこともできる．パルス波形の測定条件は，波長 $\lambda = 355\,nm$ でパルス幅が 20 ns，平均出力は 2 ～ 6 W，周波数は 30 ～ 60 kHz で，元ビーム径は 3.5 mm で行った．

　実験での短パルスレーザー発振器は，高繰返し高出力固体レーザーの第 3 高調波レーザー（Coherent 社 AVIA 355-20）を使用した．公称のパルス幅は 20 ns である．測定には，パルス幅測定用ディテクターに THORLABS 社の DET210 を使用し，オシロスコープで波形を観測した．ディテクターの感度が高いためパワーメータで直接レーザーの出力を測定することは不可能であるため，測定ではレーザー光を一度ビームダンパーに照射しその散乱光をディテクターで受けて計測した．図3.8 に測定の概念図を示す．

　実測したパルス波形の発振持続時間（パルス幅）は 20 ns で，その間に強度は時間とともに時々刻々変化している．このパルス波形はローレンツ型である．図3.9 に実測データの一例と簡易計算でのピーク出力の模式図を示す．パルス幅はこの半値幅で決められる．ここで縦軸の強度は任意スケールである．通常

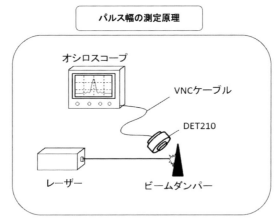

図 3.8 パルス発振の概念

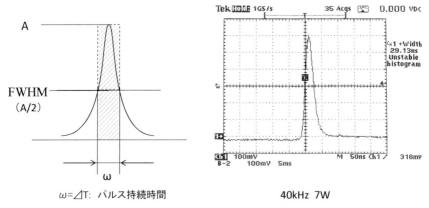

図 3.9 ピーク出力の模式図と実測データ

ではオシロスコープで得られた波形を用いて半値幅（半値全幅：FWHM）をパルス幅として定めている．その値と既知のパルス当たりの平均エネルギーを基にして，簡易的に計算をするのが一般的である．その計算は，

　　　　（パルス当たりのエネルギー）÷（半値幅）＝（ピーク出力）　　（3.6）

となるから，ピーク出力を算出できる．

通常の「パルス当たりのエネルギー」とは，パルス列から単位時間の平均出力をパルス数で割ることによって求めたワンショット当たりの平均パルスエネルギーのことで，波形の形状等は考慮されていないのに対して，本方式は実測

第3章 微細加工の基礎事項　　31

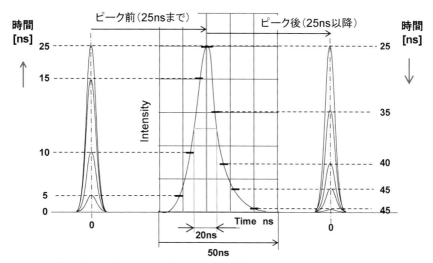

図 3.10　パルス幅内のピークエネルギーの時間変動（連続的にピークエネルギーが変化している）

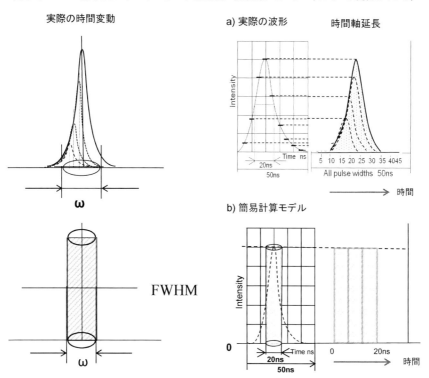

図 3.11　立体図形の比較のための時間変動の模式図

3.3 単一パルスエネルギー

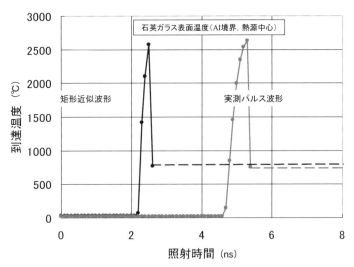

図 3.12　発振携帯によるアルミ薄膜層の除去時間

の単一パルス波形に基づくパルスエネルギーである．

　パルス幅内の時間変動を見たもので，時間経過とともにピークエネルギーが連続的に変化していることがわかる．パルスの時間変動はセンサーの感度，掃引時間やタイムラグなどで，必ずしも瞬時の挙動を正確に捉えている訳ではないが，その傾向は知ることはできる．その様子を図 3.10 に示す．また，図 3.11 にはパルス発振時間内の細かい時間変動を示す．簡単な比較のために，パルスの立ち上がりはごく短時間なので，短時間内の瞬時の変化を無視して最後の波形のみに着目して，測定で得られた波形のピーク（任意スケール）を一致させれば，相互の波形比較が可能となり，それぞれを積分してパルス幅内での単一パルスエネルギーを求めることができる．

　両者の間には差異があることがわかる．その差は簡易計算でのパルスエネルギーを 1 とした場合，測定結果に基づくパルスエネルギーは 0.73 の割合になる[3]．

　簡易計算法との比較データをもとに，溶融石英の上面に厚み 86 μm アルミ蒸着した試料に両者の熱源で照射した場合のアルミ層の加工時間をシミュレーションで比較すると，簡易計算によるものが実際よりエネルギーが多い結果，加工時間が約 2.9 ns 遅いことがわかっている[4]（図 3.12）．これまでは指摘の少ない事項ではあるが，このような検証は重要でナノ秒レーザーによる微細加工でこの時間差は大きいと思われる．

3.4 光の消衰係数と浸透深さ

3.4.1 材料の消衰係数

　光が物質に達すると，表面では一般に乱反射，反射，吸収，透過が生じることは述べた．便利のために，反射と乱反射は同じ反射として扱うと，レーザー加工に用いられる加工材料はほとんど透過しないものが多いので，レーザー光を照射されると，材料表面では反射と吸収のみが起こることになる．しかし，実際の媒質では極表層では光の吸収・浸透の現象が存在する．この度合いは波長 λ や材質によって異なるが，吸収を表す光学定数を消衰係数（または消光係数：extinction coefficient） κ と呼んでいる．

　まず，計算に必要な消衰（消光）係数の測定を示す．測定装置は分光エリプソメトリー（J. A. Woollam 社：M-2000）で，この測定波長範囲は 193 〜 1,680 nm である（図 3.13）．浸透深さについては，酸化の影響のない状態での測定が必要である．それとともに，実際の加工時の材料面では表面酸化の影響を無視できないので，室温での酸素雰囲気（酸素銅）についても測定を行った．

　測定原理を図 3.14 に，また解析手法を図 3.15 に示す．エリプソメトリーは試料によって変化する光の偏光状態を表す Psi（Ψ）と Delta（Δ）の2つの値を測定する．直線偏光の光を測定資料に表面に角度を設けて入射させ，反射した光の偏光状態を測定する．一般に，屈折率は異なる材料界面では反射率と透過率は p 偏光と，測定波長と入射角ごとの Ψ と Δ の2つのパラメータが得ら

高速分光エリプソメータ
J.A.Woollman社製　M-2000

図 3.13　測定装置の外観

分光エリプソメトリー （SE：Spectroscopic ellipsometry）

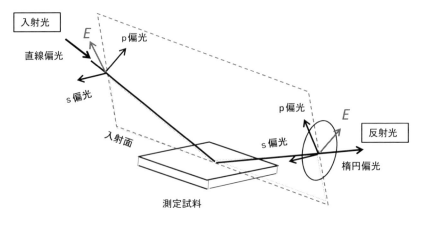

図 3.14　測定原理図

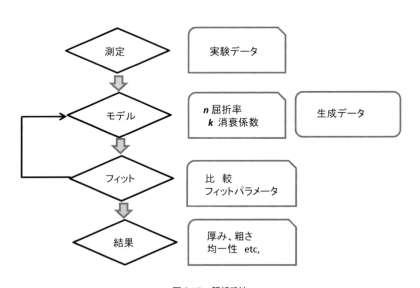

図 3.15　解析手法

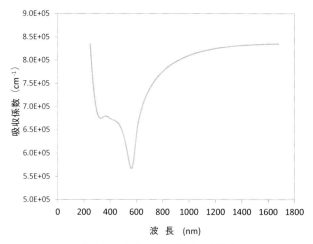

図3.16a　純銅　吸収係数の波長分散

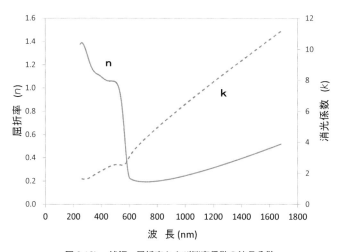

図3.16b　純銅　屈折率および消衰係数の波長分散

れる．測定の光源は白色光である．それらはp偏光とs偏光のフレネルの反射係数（複素反射率）から，各測定波長と入射角ごとの$\mathit{\Psi}$と$\mathit{\Delta}$の上記パラメータに対して最適なモデルでフィッティングして解析することで屈折率や消衰（消光）係数を表面状態の情報を得ることができる．これから内部計算ソフトによって屈折率nと消耗係数kが求められる．

　得られた銅の結果を図3.16のa，bに，またSUSの結果を図3.17のa，bに示す．なお，消衰係数は波長との関係を表示していて，出力の強さやパルス

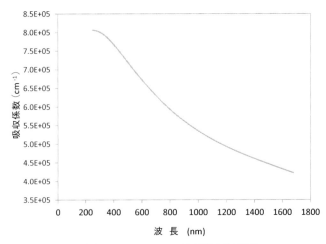

図 3.17a　SUS304　吸収係数の波長分散

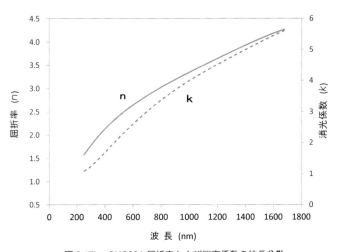

図 3.17b　SUS304 屈折率および消光係数の波長分散

幅の時間には無関係である．測定された消衰係数から光の浸透深さは以下のように求められる．

3.4.2　光の浸透深さ

物質に吸収のある場合，一般に，光の吸収率は複素屈折率を用いて表すことができる．複素屈折率を用いると，屈折率 n を実数部，消光係数 k を虚数部とする複素屈折率 $N = n + ik$ で表せる．吸収する物質中の光の電場は，

$$E = E_0 \exp i \left[(n+ik)\left(\frac{2\pi}{\lambda}\right) z - \omega t + \varphi \right]$$

$$= E_0 \exp i \left[n\left(\frac{2\pi}{\lambda}\right) z - \omega t + \varphi \right] \times \left[\exp\left(-k\left(\frac{2\pi}{\lambda}\right) z\right) \right] \quad (3.7)$$

と表すことができる．ここで，前半の項は波の伝搬の様子であり，後半の項は減衰の様子で吸収を示している．この光の強度は，

$$I = |E|^2 = \left\{ E_0 \left[\exp\left(-k\frac{2\pi}{\lambda} z\right) \right] \right\}^2$$

$$= |E_0|^2 \exp\left(-\frac{4\pi\kappa}{\lambda} z\right) \quad (3.8)$$

　一方，物質の光吸収による光強度の変化はベールの法則（Lambert-Beer's low）から

$$I = |E|^2 = E_0 \exp(-\alpha z) \quad (3.9)$$

と与えられる．ここで，α は吸収係数，z は表面からの距離を示す．吸収を比較して式(3.8)と式(3.9)から，

$$I = |E_0|^2 \exp\left(-\frac{4\pi\kappa}{\lambda} z\right) = |E_0|^2 \exp(-\alpha z)$$

これから，書き換えて

$$e^{-\frac{4\pi\kappa}{\lambda} z} = e^{-\alpha z}$$

となるから，

$$\therefore \quad \alpha = \frac{4\pi\kappa}{\lambda} \quad (3.10)$$

が得られる．

　上の式から，光強度は深さ z の増加とともに減少し，吸収係数 α が大きいほど急激に減少することがわかる．

　また，式(3.9)では，強度の比で I/I_0 が $1/e$ になると，$\alpha z = 1$ となる．この z は表面からの深さ，すなわち光の浸透深さ（penetration depth）と呼ばれ，

$$z = \frac{1}{\alpha} \quad (3.11)$$

で定義されている．したがって，浸透深さ z は波長の関数として

$$z(\lambda) = \frac{1}{\alpha} = \frac{\lambda}{4\pi\kappa} \quad (3.12)$$

として与えられる．

　なお，$1/e^2$ の値を導出する場合には，同様に式(3.7)の後半の項は減衰で吸

38   3.4 光の消衰係数と浸透深さ

表3.3 波長に対する消衰係数と浸透深さ (nm)

波長変化	材質 1		材質 2	
	ステンレス (SUS304)		純 銅 (Cu)	
発振波長 (nm)	浸透深さ (nm)	消衰係数 k	浸透深さ (nm)	消衰係数 k
260	12.4	1.66748612	12.6	1.63883605
266	12.4	1.70512604	13.0	1.62828761
355	12.7	2.22004837	14.7	1.88790682
532	14.2	2.98376888	16.7	2.53933508
800	16.8	3.77905736	12.9	4.93129669
1,064	19.2	4.40676507	12.3	6.90628216

表3.4 浸透深さの表面状態での比較

波長変化	ステンレス (SUS304)		純 銅 (Cu)	
	浸透深さ (nm)		浸透深さ (nm)	
発振波長 (nm)	金属表面	酸化表面	金属表面	酸化表面
260	12.4	61.1	12.6	25.8
266	12.4	60.2	13.0	25.5
355	12.7	86.1	14.7	32.1
532	14.2	961.0	16.7	112.0
800	16.8	—	12.9	876.0
1,064	19.2	—	12.3	5,740.0

※純銅は表面研磨後に測定，表面層は数日経過後測定

収を示すから，

$$\exp\left[-k\left(\frac{2\pi}{\lambda}\right)z\right]$$

から，$1/e^2$ と置いて，これから

$$e^{-\frac{2\pi\kappa}{\lambda}z} = e^{-2}$$

となるから，

$$\therefore \quad \frac{2\pi\kappa}{\lambda}z = 2$$

から，浸透深さとして

$$\therefore \quad z = \frac{\lambda}{\pi\kappa} \tag{3.13}$$

が得られる．これから，$1/e^2$ の値は $1/e$ のおよそ4倍となることがわかる[4]．

式(3.13)に基づいて，純銅 Cu とステンレス鋼材（SUS304）の主なレーザー波長での消衰係数と浸透深さを表3.3に示す．さらに，参考値として，酸化表面の影響を表3.4に示した．酸化表面では浸透深さは増大する．ここでの表面

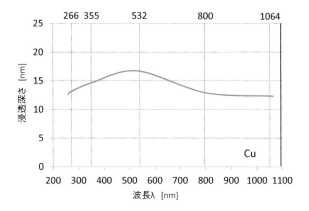

図 3.18　純銅の波長に対する浸透深さ

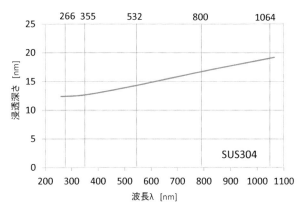

図 3.19　ステンレスの波長に対する浸透深さ

酸化膜は金属母材とは異なる表面層をとした．したがって，表面層とは 表面酸化膜層を指している．純銅は導体であり自由電子が存在するが，表面酸化膜は不導体で自由電子がない分浸透深さに大きな差が生じたものと考えられる．なお，ここで扱っている吸収率（absorption）A という用語は材料物質に投入されたレーザーパワーが材料で吸収される割合であり，吸収係数（absorption coefficient）α は，光が材料物質にどれだけ浸透していくかを表す量である．

　著者らの測定結果の一部をグラフと図に示す．また，材料ごとの主なレーザー波長に対する浸透深さ関係を，純銅に関しては図 3.18 に，ステンレスに関しては図 3.19 にグラフで示した[5]．波長依存性をもった浸透深さは，ステンレス鋼材の場合は波長が大きくなるとほぼ比例して増加するものの，銅材は一旦

増加後に減衰するなど複雑な変化をする．その値はおおむね十数 nm の範囲である．図3.15bからわかるように，波長600 nm近傍でnが低い値を示している．n が低いと光が浸透しやすいため，その場合には光の速度が増したため浸透深さが増大したと考えられる．

浸透深さの数値のみを記した文献[2)]でも，浸透深さは波長が 10 μm 付近ではアルミ（Al）の場合で 11.8 nm，銅（Cu）の場合で 13.4 nm であるという．金属におけるレーザーの吸収の深さは波長にもよるが，せいぜいサブミクロン以下であり，極ごく表面に限られることが知られている．概して，発振持続時間（パルス幅）を考慮しなくても，短波長側で浸透深さは浅いことが穴加工の深さや径などの加工特性に関係しているとも考えられる．

3.5　プラズマの発生と圧力波

3.5.1　レーザー誘起プラズマ

プラズマは高温下で気体を構成している原子同士が衝突して，一部電子が飛び出した状態を言う．さらに分子や原子が飛び交いながら衝突を繰り返し，次第に速度が速くなって衝突の衝撃も大きくなる．これにより分子が成分原子に解離し，原子がプラス電荷のイオンとなりプラズマ化する．プラズマ開始温度は気体の種類によって異なる．前に述べたように，超高温状態で気体が電離・解離することによりプラズマが生じる．この際，分子あるいは原子から電子が離れ電子が単体で存在するが，その数密度をプラズマ電子密度（free electron number density）と呼ぶ．電子密度の単位は個 /cm^3 などで示される．

プラズマの比誘電率を ε_r とすると，比誘電率が 0 となる点で電磁波・光の強い吸収（古典吸収）が起こることになる．ここで比誘電率 ε_r (relative permittivity) は真空の誘電率 ε_0 と各物質の誘電率 ε の比で定義され，

$$\varepsilon_r = \frac{\varepsilon}{\varepsilon_0} \tag{3.14}$$

で示される．したがって，比誘電率は無次元量である．

また，角振動数との関係においては，

$$\varepsilon_r = 1 - \frac{\omega_p^{\,2}}{\omega_L^{\,2}} \tag{3.15}$$

ここで，ω_p はプラズマの角振動数 [rad/s]，ω_L はレーザーの角振動数 [rad/s] である．

$\omega_p < \omega_L$ すなわちプラズマ角振動数よりも高い角振動数の波は進行（材料を突き抜ける）し，$\omega_p > \omega_L$ の場合プラズマ角振動数より低い角振動数の波のた

め進行せずに反射される．また，プラズマ角振動数は単純な調和運動の式として次式で表せる．

$$\omega_p = \left(\frac{e^2 n_0}{\varepsilon_0 m_e} \right)^{\frac{1}{2}} \tag{3.16}$$

ここで，$e[\mathrm{C}]$ は電荷素量，$n_0[\mathrm{m}^{-3}]$ は電子密度，$m_e[\mathrm{kg}]$ は電子の質量である．プラズマ振動数 $\upsilon_p[\mathrm{Hz}]$ とプラズマ角振動数 ω_p との関係は

$$\upsilon_p = \frac{\omega_p}{2\pi} \tag{3.17}$$

で表せる．光速を $c[\mathrm{m/s}]$，波長を $\lambda[\mathrm{m}]$ とすると，$c = \upsilon\lambda$ より

$$\frac{c}{\lambda} = \frac{\omega_p}{2\pi} \tag{3.18}$$

両辺を2乗し，式（3.16）を代入して n_0 について解くと

$$n_0 = \left(\frac{2\pi c}{\lambda} \right)^2 \frac{m_e \varepsilon_0}{e^2} \tag{3.19}$$

となる．

上式（3.19）に，例えば，第3高調波（波長 $\lambda = 355\,\mathrm{nm}$）で材料表面に照射してプラズマが発生した場合を当て込むと，

$$n_0 = \left(\frac{2\pi c}{\lambda} \right)^2 \frac{m_e \varepsilon_{r0}}{e^2} = \left(2\pi \frac{3 \times 10^8}{355 \times 10^{-9}} \right)^2 \cdot \frac{8.85 \times 10^{12} \times 9.11 \times 10^{-31}}{1.6^2 \times 10^{-38}}$$
$$= 8.87 \times 10^{27} (m^{-3}) = 8.87 \times 10^{21}\ (\mathrm{cm}^{-3})$$

となる．

このため，第3高調波の波長 $\lambda = 355\,\mathrm{nm}$ の場合，共鳴のプラズマ振動数を与える電子密度は $8 \times 10^{21}\,\mathrm{cm}^{-3}$ となり，プラズマがこのように高密度に達していなければ，レーザー光はプラズマを通り抜けて材料表面に達する．上記の計算によるプラズマの電子密度は $8.878 \times 10^{21}\,\mathrm{cm}^{-3}$ なのでほぼ同じ値を示し，高密度状態で吸収されることになる．

レーザー周波数（電磁波周波数）とプラズマ振動数が等しくなる条件で電磁波の吸収が起こる．なお，非線形吸収などはやや複雑となるが，レーザープロセスでのプラズマはかなり高温であるので，このように古典吸収で十分扱えるとした．

エネルギー吸収機構としては次の2通りがある．

1. 電子の衝突吸収：レーザー電界での加速による衝突で吸収する．
2. 非線形共鳴吸収：電子プラズマ振動数とレーザーの振動数の一致による局所電界の発生．

なお，主な物質の比誘電率は，石英（SiO$_2$）3.8，ガラス 5.4～9.9，アルミ

ナ（Al$_2$O$_3$）8.5，空気 1.00059 である．

3.5.2 プラズマと圧力波

(1) 圧力波と伝播距離

　短パルスレーザーを集光して材料に照射すると瞬時にプラズマが発生し，圧力波が発生する．短パルスレーザーを用いた極薄金属の穴あけ加工にはアシストガスを用いないが，このときに発生するレーザー誘起プラズマで局所的に表層が溶融した金属は材料の上方へと飛散する．それは，レーザーを金属に照射した際に発生するプラズマが金属に熱エネルギーや圧力波を与えるためだと考えられている．プラズマは逆制動輻射吸収により電離が急速に進み，固体表面がプラズマ化することで高温のプラズマと大きな圧力波を発生させる．なお，音速を超えるような強い圧力波の場合は衝撃波と称することもある．

　レーザー加工では，光を集光して高エネルギー状態にして材料ターゲットに照射すると，材料に衝突する際に強いプラズマ光が発生するが，その現象は非常に高速でごく短時間に発生する．特にワンショットの単一パルス（シングルパルス）で，加工時に同軸噴射のアシストガスを伴わない短パルスレーザーでも一瞬のプラズマの発生は見られる．また，レーザーの波長が紫外域や赤外域であっても，パルス幅が非常に短い場合には必然的にプラズマは生じる．パルス幅が極端に短くなくても照射された瞬時にプラズマ光が発生するが，ここでは短パルスレーザーの場合について述べる．

　プラズマによって発生する衝撃波の計算は以下のように計算できる．集光したパルス発振のレーザー光のパワー密度はパルス当たりのエネルギーを E，パルス幅 τ，スポット径 d とするとパワー密度 I は以下の式で与えられる．

$$I = \frac{4E}{\pi \tau (d/2)^2} \tag{3.20}$$

パルス幅 $\tau = 20\,\mathrm{ns}$，パルス当たりのエネルギーを $E = 20\,\mu\mathrm{J/p}$，スポット径 $d = 25\,\mu\mathrm{m}$ として計算すると，パワー密度 $I = 0.815\,\mathrm{GW/cm^2}$ が得られる．しかし，先の 3 章 3 節で指摘したように，実測の結果，実際のエネルギーの値は簡易矩形計算の約 73% であるので，スポット径は不変の場合パワー密度は 0.73 を乗じた値となる．したがって E に 0.73 を乗じて結果的に，$I = 0.595$ GW/cm^2 が得られる．

　集光したレーザー光のエネルギー密度が非常に高い場合は，ほとんどの材料では集光点直下で局部的に沸点まで高められる結果，プラズマまたはプルーム（vapor plume）が形成される．レーザー照射後のプラズマは光を吸収し続けると，周囲に圧力波（音速を超える場合は衝撃波）を伴って反力として材料に

圧力が発生する．これがレーザー誘起の圧力波である．特に，非線形吸収により材料内部で発生する圧力は，クラックや屈折率変化，密度変化などを引き起こすことになる．

Fabbro らによって，プラズマ発生による圧力についてはナノ秒レーザーを用いた場合に以下のような実験式が得られている[8]．この式はパルス幅がナノ秒で論じている．

$$P_d(\text{kbars}) = 3.93 I^{0.7}(\text{GW/cm}^2) \times \lambda^{-0.3}(\mu\text{m})\tau^{-0.15}(\text{ns}) \tag{3.21}$$

ここで，第3高調での著者らの実験データを当てはめる．波長 $\lambda = 355\,\text{nm}$ で，パワー密度 $I = 0.595\,\text{GW/cm}^2$，パルス幅 $\tau = 20\,\text{ns}$ であるので，それぞれの値を代入すると，

$$P_d = 2.378\,\text{kbars} = 238\,\text{MPa} \tag{3.22}$$

が得られる．

上記で求められたプラズマは金属が気化し雰囲気中に混ざることで発生するものであるから，材料近傍または材料表面で発生していると考えられる．材料とプラズマの間には空間があり衝撃波が伝搬すると圧力は減衰する．圧力波が空間中を伝播したときの減衰の式は以下で示される[9]．

$$P = P_0 \times \exp(-\alpha d) \times d^{-\gamma} \tag{3.23}$$

ここで改めて，P は減衰した圧力 [Pa]，P_0 は最初に発生する圧力 [Pa]，α は減衰係数 [dB/cm]，d は伝播距離 [cm]，γ は波面の形状である．周波数が $1 \sim 10\,\text{MHz}$ のとき減衰係数 は $0.1 \sim 1\,\text{dB/cm}$ の範囲の値をとるとされている[9]．波面の形状 γ は $0 \sim 1$ の値をとり，平面波の場合は $\gamma = 0$，球面波の場合は $\gamma = 1$ であるが，プラズマの発生位置は材料表面近傍で観測しているため，材料への影響は平面波とみなして差し支えないと考えられる．圧力波の発生が材料表面または表面近傍の場合の計算では，発生圧力が，$P_0 = 238$ [MPa]，$\alpha = 0.5$，$\gamma = 0$ とすると距離に対して指数関数的に減衰する．これは種々の周りの条件により変化することを考慮して，補正係数 ε を乗じると，より真値に近づくものと思われる．しかし，この式では高圧の状態がかなりの距離にまで及ぶなど実態にそぐわない部分がある．レーザー誘起プラズマの発生や膨張拡散を時間で観測した例はあるが，空気中におけるプラズマ発生とそこで生じる衝撃波の伝播について減衰を含んだ伝播とその距離を論じたものはほとんどない．数少ない論文に基づいて実際に計算しても得られる数値がかなり大きいので，現実的なのかは論議のあるところである．

大気空間（空気）で金属表面へレーザーを照射するとプラズマ膨張は後方へ広がるが，水中ほどではないにしても，伝播は圧縮がかかり空気は瞬間の圧力伝播に対して抵抗となることが考えられる．測定されたプラズマの発生時間は

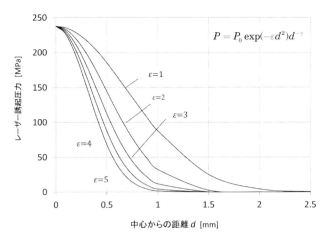

図 3.20 レーザー誘起プラズマの距離と圧力の関係

衝撃波の発生時間ではなく，波の伝播とは無関係である．空気中の圧力発生時間は短く，ほぼ 50 ns 程度であり，ピークは 20 〜 25 ns ほどである．

レーザー加工で短パルスや超短パルスの照射時に材料近傍で発生した衝撃波が材料面で反射した波で，大気空間への伝播では負圧が発生する現象などあるとされ，詳細の検討が待たれるが，現状ではレーザー微細加工での実証は難しいと思われる．そこで，詳細に生じる現象を無視して簡易的に考えると，一般則では，圧力は距離の 2 乗に反比例して減衰することがわかっている．また，圧力は発生源であるプラズマ発現スポット径に比例することが報告されている（渡辺ら）．すなわち，スポット径が小さいほどその減衰の程度は大きくなる．また，スポット径が小さいとプラズマ圧力波の膨張は小さい．さらに，圧力波の伝播は気中（空気）伝播の方が，固体内伝播より小さいこともわかっている．ここで新たに，出力の大小などにも関係する減衰係数 ε を取り入れる．その結果，より現実的な傾向を示すものとして以下のような実験式を得る．

$$P = P_0 \times \exp(-\varepsilon d^2) \times d^{-\gamma} \qquad (3.24)$$

式 (3.24) に基づいて，材料への影響をごく表面近傍で平面波とみなし，減衰係数 ε をパラメータとした計算結果を図 3.20 に示す．

(2) 圧力波の伝播距離

金属表面で起こる圧力波に関しては独自に圧力波の簡易感知テストを行った．実験はナノ秒レーザー（Coheret 社の AVIA532）を用いて行われた．波長は $\lambda = 532$ nm で，パルス幅は 45 ns，さらに出力は 800 μJ/pulse，集光スポット径は $\phi 9\,\mu$m であった．輝度が高いのでフィルターを使用した．発生圧力を

a) ターゲットとの距離（間隔）の変化　　　　b) 近接場での観察

図 3.21　簡易実験によるレーザー誘起プラズマ圧力の観測（気中）

感知するために，撮影には重量がほとんどなく非常に軽いレンズクリーニング用ペーパー（45 μm 厚，3 mm 幅）の短冊状の紙を照射面の近傍に設置し，レーザー光路上にレーザー光が通過する程度の小さな穴を設け，材料表面に照射した直後に発生する圧力波の風圧変化を簡易的に観測した．撮影は連射が可能なカメラで（CANON EOS 5D Mark IV）1 秒間に 7 コマ（142.86 ms/frame）の撮影が可能である．ここで，簡易的な実験によって得られた結果を示す．その結果の一例を図 3.21 に示した．図はレーザービームが横に設置したターゲット（金属）に水平に照射した簡易測定の観測外観で，図 3.21a）はターゲットとペーパーの間隔距離を変化させた．また，図 3.21b）はターゲットとペーパー間隔距離のほとんどない近似場での撮影状況を示している．この状態での測定から風圧による最大微動距離は約 1 mm であった．その観察の状態を図 3.22 に示した．

後述の佐野らの実際のプラズマ光の測定時間 25 ns で拡散伝播距離が 500 μm に達している．圧力は異なるが，風圧を感知する簡易感知試験では，数 mm 未満で減衰し完全に消滅した．このことを考慮すると，圧力の伝播距離は数 mm 以内となることが予測される．実験が簡易方式なので精密さに欠けることは否めないが，この方がより実態に近似するものと思われる．図 3.20 は，実験と式(3.24)と整合している．

材料表面または表面近傍で半円状に発生した場合プラズマと材料との距離は非常に短いため，この計算から圧力の減衰はほぼないに等しいといえる．式(3.23)は空気中で発生したプラズマによって生じる全方向に向かう圧力波である．このプラズマ圧力が材料表面に働くことから，発生する圧力が材料面に向かい加工部に影響を与えると考えられる．

3.5 プラズマの発生と圧力波

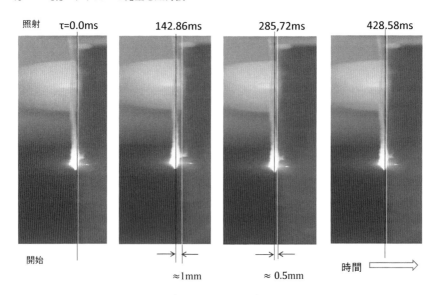

Shutter Speed　7frame/s　→　142.86ms/frame

図 3.22　誘起プラズマ圧力波による風圧変化の観測（気中）

ナノ秒レーザーを発振する YAG の第 2 高調波によるステンレス（SUS304）のレーザー誘起プラズマによる圧力波に対して実験的な検討を行った佐野らの報告がある[10]．その中から，気中（空気）でのレーザー誘起プラズマ膨張と伝播の様子を CCD カメラで直接観測した例を図 3.23 に示す．同様に，水中での誘起プラズマの膨張伝播の状態を図 3.24 に示す．気中の方が後方に広がっているのに対して，水中では，周辺の液体が壁となって材料側により圧力波が移行していることがわかる．

報告では，プラズマを完全ガスとみなした場合，プラズマ内部エネルギーに対して温度の割合に応じた補正因子 α（$\alpha=1$ は完全ガス）を用いて計算した結果，プラズマの伝播速度も補正因子 $\alpha=0.1\sim0.3$ の間で時間 $\tau=5\,\mathrm{ns}$ までにピークとなり，最大値 $11\sim15\,\mathrm{km/s}$ が計算と観測で得ている．また，いつかの条件はあるが，空気中でプラズマの最大圧力が 300 MPa 近く（< 300 MPa）までが得られ，その到達時間は約 5 ns であったとしている．さらに，水中でのレーザー誘起プラズマに関してシャドウグラフ法（Shadowgraph）によって圧力波を観察した渡辺らの報告がある[11]．それによれば，圧力波はスポット径の大きさに比例し，発生プラズマは時間経過とともに半円状にほぼ水の音速で膨張伝播するとしている．その様子を図 3.25 に示す．水中では水

第3章 微細加工の基礎事項 47

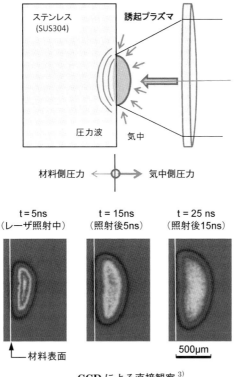

図3.23 レーザー誘起プラズマ拡張（気中）

がアブレーションで生じるプラズマの膨張を抑える効果があり，その分材料側へ強い圧力が伝わる．なお，この手法は液中での発生する圧力波利用して材料の表面硬化と圧縮残留応力を付与し疲れ強度を増す手法で，レーザーピーニング法と呼ばれている．

また，ピコ秒レーザーを発振するYVO_4の第2高調波で，最高2億コマ/秒で最短露光時間が5nsとなる超高速度カメラ（NAC社 ultra high-speed framing camera system：Ultra Neo）による著者らの観測では，パルス幅は10 psの場合，最初の5 ns以内には既に加工は終了していて，プラズマ雲のみが一定時間継続する．このときプラズマの発生時間はおよそ20 ns以内であった[12]．しかし，露光時間を短縮すると取り入れる光量が極端に少ないために，ある程度輝度の強い時間帯のみを観測することになる．すなわち，超高速度カメラによる撮影では，カメラのシャッター開放時間が大きくなるとその（平均）

3.5 プラズマの発生と圧力波

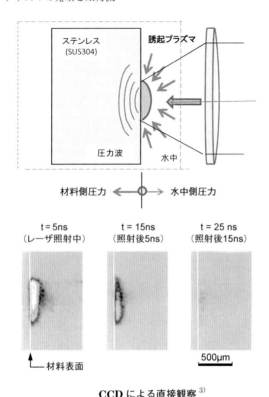

CCDによる直接観察[3]

図 3.24 レーザー誘起プラズマ膨張伝播（水中）

時間内に積分されてされた光を観測することになるが，開放時間が極端に小さいと採光量が非常に小さいことから，強度の強い中心部のみを強調して，工夫のない限り返って小さな光の静止画のようになってしまう．露光時間を拡大した観測でのピコ秒レーザーでのプラズマの発生時間はおよそ 300 ns 以内であった．参考のために，同じ現象に対する露光時間の変化によって撮影現象が異なることを図 3.26 に示しておく．短パルスでのアブレーションにはしきい値（閾値）があることが知られている．例えば，銅 $t = 10$ mm の場合，アブレーションが起こる閾値は基本波で 0.2 [GW/cm^2]，第 2 高調波で 0.6 [GW/cm^2] が得られている[9)13)14]．

第 3 章　微細加工の基礎事項　　49

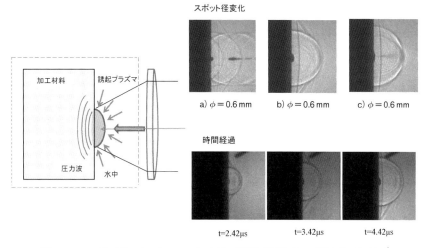

図 3.25　レーザー誘起プラズマのスポット径の影響と膨張伝播の時間経過（水中）[4]

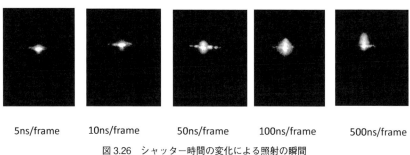

図 3.26　シャッター時間の変化による照射の瞬間

3.6　超短パルスと金属の表面科学

3.6.1　フェムト秒レーザー加工の表面分析 [15]

　超短パルスレーザーを材料に照射したとき，材料表面で何が起こっているかを見る．この種の精密分析では，測定の外乱となりやすい他の混入成分や合成金属を除き，実験では純銅（Cu）を用いて行った．まず表面の元素組成と金属の状態を調べるために，X 線光電子分光法：XPS（X-ray Photoelectron Spectroscopy）を用いる．使用装置は Quantera SXM（PHI 社製）で，励起 X 線：Monochromatic Al K$\alpha_{1,2}$ 線（1,486.6 eV）で X 線径はレーザー照射部 200 μm，レーザー照射部は 50 μm，光電子脱出角（試料表面に対する検出器の傾き）は 45°であった．X 線光電子分光法は，超真空中で試料表面に軟 X 線

を照射し表面から放出される光電子をアナライザーで検出するもので，光電子が物質中を進むことができる長さ（平均自由工程）は数 nm であることから，本分析手法による検出深さは数 nm（〜 10 nm）で，極表層（最表面）で銅の他に，微量の有機物質の酸素，炭素の成分の状態を検出することができる．

　本装置は，物質中の束縛電子の結束エネルギー値から表面元素の情報が得られ，さらに各ピークのエネルギーシフトから価数や結合状態の情報が得られる．また，母材成分とは異なる有機物質の酸素（O），炭素（C）などの成分が表面に付着するが，これらの成分元素を利用して，元素組成の変化や化学状態の変化を調べる．炭素は純銅には元来含まれていないもので最表面のコンタミ成分であるが，通常，金属の極表面の空気との境界でよく存在する．なお，ステンレスは鉄（Fe）を主成分（50％以上）に，クロム（Cr）を 10.5％以上含む合金であるために，炭素含有物の有無はわかるものの，金属の炭化物かは厳密に判断ができないため，この解析には純度の高い純銅（Cu：99.994）のみに絞って用いた．

3.6.2　照射表面の化学分析

　最表面での分析によりレーザー照射により影響を表面の化学分析から検証する．分析から，熱の影響と思われる現象として，未照射部に比較してレーザー照射部では酸素および銅の濃度が増加する半面，有機系炭素が減少している．銅の化学状態の変化が見られ，銅は還元の作用を受けていることが判明した．

　以下，詳細に検証してみる．図 3.27 では表面の元素組成を調査した．分析では，両方の最表面から最表面で酸素，炭素，銅が検出された．未照射部では窒素，ケイ素の微量検出があった．レーザー照射部は未照射部に比べて炭素濃度が低く，酸素および銅の濃度が高い傾向にあった．

　また，図 3.28 で，酸素 O1s シグナルの 532 eV → 529 eV へのシフトが確認された．このシフトは Cu の価数の減少を意味する．

$$Cu^{2+}\text{---}O^{2-} \quad \rightarrow \quad Cu^{+} \quad \rightarrow \quad Cu^{0} \tag{3.25}$$

すなわち，成分的には以下となっている．

$$\boxed{CuO} \quad \rightarrow \quad \boxed{Cu_2O} \quad \rightarrow \quad \boxed{Cu}$$

C に対しては

$$2CuO + 2C \quad \rightarrow \quad 2Cu + 2CO \text{（C が多いとき）} \tag{3.26}$$

$$2CuO + C \quad \rightarrow \quad Cu_2O + CO \text{（C が少ないとき）} \tag{3.27}$$

$$\quad\quad\quad\quad\quad\quad\rightarrow \text{I 価の銅　} Cu^{+} \text{が出てくる．}$$

さらに図 3.29 では，$Cu2p_{3/2}$ シグナルの 935 eV → 932 eV へのシフトが確認された．

第3章　微細加工の基礎事項　51

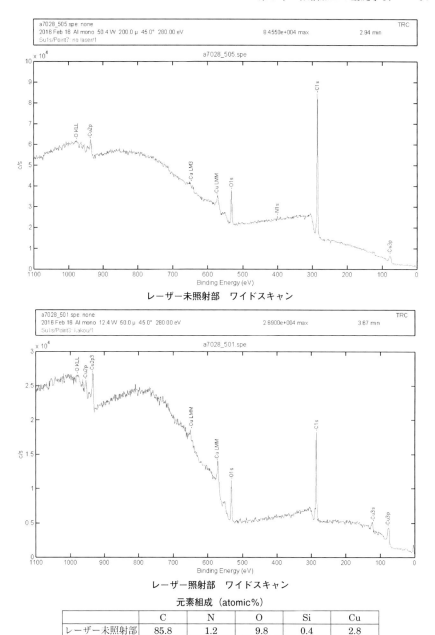

レーザー未照射部　ワイドスキャン

レーザー照射部　ワイドスキャン

元素組成（atomic%）

	C	N	O	Si	Cu
レーザー未照射部	85.8	1.2	9.8	0.4	2.8
レーザー照射部	77.7	—	15.3	—	7.0

図3.27　表面の元素組成

3.6 超短パルスと金属の表面科学

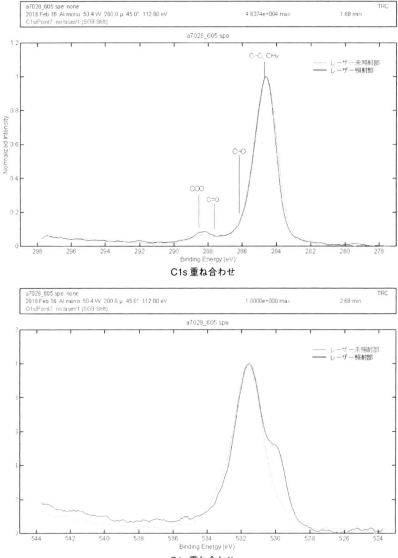

C1s 重ね合わせ

O1s 重ね合わせ

	COO	C=O	C-O	C-C, CHx
レーザー未照射部	3	1	5	91
レーザー照射部	5	<1	6	89

※両部位ともC-C, CHx が主成分であり, C-O (エーテルまたはヒドロキシ基) 成分, C=O (カルボニル基) 成分, COO (エステルまたはカルボキシ基) 成分が認められた. 部位間で炭素の化学状態に顕著な違いはない.

図 3.28 C1s および O1s のピーク分割結果 (%)

第 3 章　微細加工の基礎事項　　53

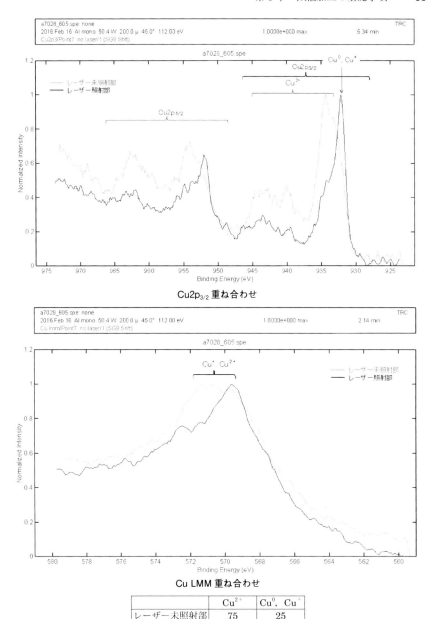

Cu2p$_{3/2}$ 重ね合わせ

Cu LMM 重ね合わせ

	Cu^{2+}	Cu^0, Cu^+
レーザー未照射部	75	25
レーザー照射部	49	51

※レーザー未照射部では Cu^{2+} 成分が主であるのに対して，レーザー照射部では「Cu^0 または Cu^+」成分が主であった．

図 3.29　Cu2p$_{3/2}$ および Cu LMM のピーク分割結果 (%)

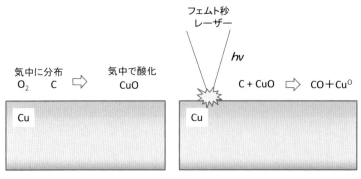

図 3.30 フェムト秒レーザーの表面照射による表面科学の概略図

　表面の酸化物は全般に低下していて，炭素も低下している．また，レーザー未照射部では Cu^{2+} 成分が主であるのに対して，レーザー照射部では「Cu^0 または Cu^+」成分が主であった．これは，表面は酸化されているので，CuO は C により還元され，酸化物が熱によって Cu に戻ったことになる．

$$C + CuO \quad -(h\nu)\to \quad CO + Cu^0 \tag{3.28}$$

材料表層に存在した C と照射領域で発生した CuO との還元反応が起こったと考えられる．

　その概念的な図を図 3.30 に示す*．

　以上の分析の結果から，光の浸透深さは波長に依存し波長が短いほど，浸透深さは深くなる．また，浸透深さは酸化した表面の方が未酸化状態より深くなった．表面分析から，レーザー照射によって銅の化学状態の変化が見られ，銅は還元の作用を受けていることが判明した．これは高温が作用した場合に起こる現象であることから，フェムト秒レーザーによる加工では局部に瞬間の高熱が作用していることがわかる．

　一般に，超短パルスレーザーの加工では，小さな穴でもプラズマが形成されることは，分子あるいは原子が電子と解離して共存するほどの高温状態になっていることを意味する．これらのことから，フェムト秒レーザーによる加工では，加工部位は蒸発・飛散するが，材料上では液相をほとんど伴わない．

---

* 一般に，金属材料は表面に酸素が存在し，温度が上がれば酸化物になる．一方で，高温下で酸化物は還元される．

$$M(s) + \frac{1}{2}O_2(g) \to MO(s)$$
$$\leftarrow \quad \text{(高温時)}$$

Cu^{2+}：II 価の酸化銅　酸化第二銅　CuO　Cu＝O　Cu^{2+}　O^{2-}
Cu^+：I 価の酸化銅　酸化第一銅　Cu_2O　　　　　Cu^+　O^{2-}　Cu^+

これらの分析から，レーザー照射による熱の影響としては，下記のことが考えられる．

1) レーザー照射により，熱作用で最表面の有機系炭素が減少する（酸素および銅の濃度が増加する）.

2) 銅の化学状態の変化に熱作用の傾向がある．すなわちレーザー照射部には明らかに銅の「還元」反応が見られる．

3.7 レーザー照射による加工現象

3.7.1 光子エネルギー

電磁波の基本となる単位は粒子を光子（または光量子）と呼ぶが，光子は質量をもたないがエネルギーを有している．光子エネルギー(photon energy)は，光子の数と光子の周波数（波長の逆数）によって決まる．光子エネルギー E はその単位は［eV］で，以下の式で求められる．

$$E = h\nu = h\frac{c}{\lambda} \tag{3.29}$$

ここで，h：プランク定数　$h = 6.625 \times 10^{-34}$ J・s $= 4.136 \times 10^{-15}$ eV・s

　　　　ν：振動数(周波数)，

　　　　c：光速　$c = 2.99792459 \times 10^{10}$ (cm/s) $= 3 \times 10^5$ (km/s)

　　　　λ：波長 cm［nm，μm］

である．

また，参考のために 1 eV $= 1.602 \times 10^{-19}$ J，1 J $= 6.241 \times 10^{18}$ eV として計算すると，

$$
\begin{aligned}
\lambda &= 266\,\text{nm} \quad \cdots\cdots \quad E = 4.7\,\text{eV} \\
\lambda &= 355\,\text{nm} \quad \cdots\cdots \quad E = 3.5\,\text{eV} \\
\lambda &= 532\,\text{nm} \quad \cdots\cdots \quad E = 2.3\,\text{eV} \\
\lambda &= 1064\,\text{nm} \quad \cdots\cdots \quad E = 1.2\,\text{eV}
\end{aligned}
\tag{3.30}
$$

となる．

さらに，式(3.28)は［J］でも算出されるので，1モル（mol）当たりの光子エネルギー E は

$$E = h\frac{c}{\lambda} \cdot \frac{1}{4.2} \quad [\text{kcal}]$$

ここで，1モル当たりの光子数は，アボガドロ定数から 6×10^{23} 個であるから，最終的に光子エネルギー E は，

56   3.7 レーザー照射による加工現象

表3.5 波長と光子エネルギー

レーザー媒質	発振波長 [nm]	光子エネルギー [kcal/ml]
F_2	167	180.1
Ar F	193	147.2
Kr F	249	114.1
Xe Cl	308	92.2
X_2 F	350	81.1
CO_2	10,600	2.7

表3.6 原子間の化学結合エネルギー

光子エネルギー [kcal/ml]		H	C 単結合	C 二重結合	C 三重結合
180.1	H	103	98		
147.2	C	98	80	145	118
114.1	N	93	78	153	238
92.2	O	109	88	179	
81.1	Cl	102	78		

(エキシマレーザーの例)

表3.7 波長と解離エネルギー [1]

	解離エネルギー (eV)	相当波長 (nm)
C−N	3.02	410
C−C	3.60	344
C−O	3.64	340
C−H	4.28	298
C=C	6.29	197
C=O	7.50	165
C≡N	8.19	151
C≡C	8.58	144

小原他：レーザー応用工学，コロナ社（1998）p.187

$$E = h\frac{c}{\lambda} \cdot \frac{1}{4.2} \times (6 \times 10^{23}) \quad [\text{kcal/mol}] \tag{3.31}$$

となる.

　式(3.30)が示すように，光子エネルギー E は波長に反比例することから，波長が短いほど光子エネルギーは強くなる．したがって，波長が短いほど光子エネルギーは大きく，周波数が高いほどエネルギーが高い．例えば，エキシマレーザーなど紫外域のでは光子エネルギーは高く，高分子材料の化学結合エネルギーに近い値を取るため，高分子材料に照射すると化学結合が直接切断され照射部の材料表層は飛散除去される．一種のアブレーションの加工が実現する．

波長と光子エネルギーの関係では，主に紫外領域のエキシマレーザーの波長と光子エネルギーの関係を表 3.5 に示した [17]．光子エネルギーと原子間の化学結合エネルギー（気体分子内の 1 mol の共有結合を切断するエネルギー）との関係を表 3.6 に示す [17]．さらに，波長と解離エネルギー（気体分子内のすべての共有結合を切断するエネルギー）の関係を表 3.7 に示す [18]．

3.7.2 極短パルスのレーザー照射とアブレーション過程

(1) ナノ・ピコ秒パルス発振レーザーによる照射

超短パルスレーザー照射の初期過程を材料が金属の場合について検討する．説明に便利のために単一パルス照射を扱う．ピコ秒レーザーパルスが材料に照射された場合，レーザー光は材料に応じた一定の浸透深さに達する．そこでレーザーエネルギーを吸収し光の電場によって物質中の自由電子が移動する．その結果，局所で偏りが発生するため，元に戻ろうとする力が生じて自由電子が振動する．すなわち，電子が格子と衝突して格子振動を誘発するのである．フェノン（phenon：格子振動を伴った準粒子）が発生し熱が生じて，その後に蒸散に至るという過程を経る．この場合の短パルスレーザーによるアブレーションは，材料がレーザー光を吸収して瞬時に溶融・蒸発し誘起プラズマが生起され，同時に発生する圧力波（衝撃波）によって微小溶融部が爆発的に除去される加工である．ごく短いピコ秒やフェムト秒では区分できない場合があるが，厳密にはほとんど熱的過程を経ている．

したがって，金属の場合のピコ秒・ナノ秒レーザーブレーション過程は，

ⅰ）電子・格子緩和時間は 1 〜 10 ps 以内である．

ⅱ）その後，電子がレーザーエネルギーを吸収して移動する．

ⅲ）電子が格子と衝突して，格子振動を誘発する．

ⅳ）フォノンが発生し，急速に発熱する．

ⅴ）圧力波の作用で蒸散アブレーションを起こす．

その結果，ピコ秒・ナノ秒レーザーによるアブレーション過程は液相（溶融）を介する熱的過程となることが多い．

(2) フェムト秒パルス発振レーザーによる照射

フェムト秒レーザーパルスの場合，電子がレーザーエネルギーを吸収し移動するが，電子が格子と衝突する前にエネルギーが注入され，電子と格子間で非平衡状態になる．その結果，金属の相変化，誘電体のクローン爆発が起こり，アブレーション（爆発剥離）が生じる．液相を介さない非熱的過程と言われている [20]．その過程を図 3.31 に示す．

レーザー照射中は格子結合が不安定となり，イオンの解離が始まる．その後，

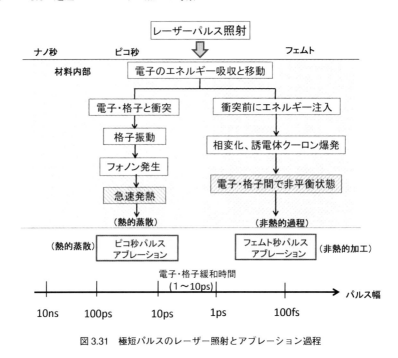

図3.31　極短パルスのレーザー照射とアブレーション過程

バンドの崩壊で原子がバラバラとなり無秩序の状態となる．電子熱伝導による加熱拡大して電子クラスターが噴出する．電子クラスターとは，粒子中の構成原子・分子の数が極端に小さい状態で発生する原子（分子）の領域と固相や液相の領域の中間に位置する準安定な微粒子物質を称している．

したがって，金属の場合のフェムト秒レーザーアブレーション過程は，
 i) 電子・格子緩和時間は 1 〜 10 ps 以内である．
 ii) その後，電子がレーザーエネルギーを吸収して移動する．
 iii) 電子が格子と衝突する前にエネルギー注入される．
 iv) 電子・格子間で非平衡状態になる．
 v) 金属が相変化して，誘電体クーロン爆発を起こす．

その結果，フェムト秒レーザーによるアブレーション過程はほとんどの場合にほとんど液相を介さない非熱的過程となる．

3.8　超短パルスレーザー加工の考察

以上のように，本章を通して超短（または極短）パルス発振によるレーザー加工を検証してきた．アブレーション（ablation：爆発剥離）現象は，金属に

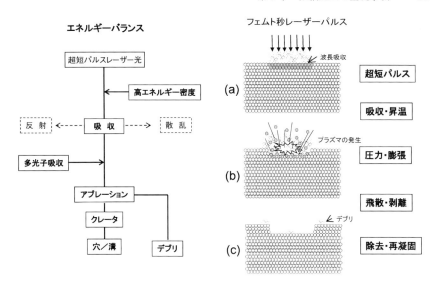

図 3.32　金属のアブレーションプロセス

　レーザーが照射された場合の加工場は自由電子と光電場との相互作用であるが，表面の自由電子がレーザーを吸収して高エネルギー電子が生成され，金属原子との衝突で金属原子がイオン化されることによって，プラズマ（電離気体）が発生するという過程を経ている．その後は急激な膨張と温度上昇があって表面が剥離除去される．蒸発した金属粒子の一部は，再凝固して加工痕の周辺に堆積される，これがデブリ（debris）である．その結果，アブレーションはパルス幅の長短にかかわらず，局所の一定範囲で起こる．超短パルスレーザーのよる加工でのエネルギーバランスと金属材料のアブレーションプロセス（過程）を図 3.32 に示す．

　パルス幅の小さい短パルスレーザーにおいては概して発振時間が短いので，熱影響は従来の赤外レーザーに比べて極端に少ないのは言うまでもない．とは言え，ナノ秒は明確に熱的加工に属すると言える．サブ・ナノ秒などは厳密に境界が存在する訳ではない．また，サブ・ナノ秒や桁数の多いピコ秒は明らかに熱加工に近いが，ピコ秒でも桁数が小さいと熱加工を感じさせないような加工を施すことがある．このような領域では熱反応が極めて短く瞬時のため曖昧で，不明確な領域が存在する．また，フェムト秒レーザーによる加工でも出力が比較的高いと表面に炭化が見られる．これらは材料のそれぞれの熱定数にもよる．

　加工現象に深い理解をもたないと，英語から来た non-thermal processing

を単に非熱加工と訳し，さらに請負で，その字のままに熱が発生しないと解釈してしまうことが多いのも事実であるが，加工は原則的に熱加工であるので，蒸発に至るまでの過程はほぼ物理学の教えに従っている．すなわち，加熱，昇温，溶融，蒸発の過程を経ている．ただし，極めて瞬時であるために，本来充分な時間で踏むべき熱的段階を明確に経ないまま瞬時に蒸発に至ったと考えられる．これが非平衡（non-equilibrium）の熱的過渡現象なのである．さらに言えば，超短パルスの場合には極めて発熱の少ない加工で，周囲への熱影響もほとんどないことは事実であるが，加工学的に解釈すれば，表層で生起される瞬間の微小熱加工であるので，用語としての「非熱」ではないと考えられる．

　すなわち，加工学的に解釈すれば，表層で生起される瞬間の微小熱加工であるので，用語としての「非熱」ではないと考えられる．特にフェムト秒レーザーでは，他のレーザー加工にみられるような溶融を伴うことのない非熱的加工である．ここでの非熱は正確には「従来の熱加工に非ず」という意味であることを理解すべきである．

　上に述べたように，アブレーション加工の現象と「非熱加工」は一致しない．言われている非熱的加工は，熱の発生を極力抑えた熱影響の少ない加工であり「非熱の加工」ではない．熱が材料上に極めて短時間しか留まらないため，フェムト秒では周辺への影響はほとんどない．ただし，やや時間の長いピコ秒では若干の溶融と加工部の近傍で熱的影響は見られる．非熱加工は，蒸発を伴う高分子材料などの一部で強い光子エネルギーが分子・原子の結合エネルギーを切断するような場合の現象で見受けられるが，すべてのレーザー加工では熱が発生する．これが超短パルス発振によるレーザー加工で得た総合的な所感である．

参考文献
1) 吉原邦夫：物理光学，共立出版，p.235（1974）
2) S. S. Charschan: Laser Industry, Van Nostrand Rein-hold Co. pp.105-108（1972）
3) 藤原裕之：分光エリプソメトリー 第2版，丸善出版（2011）または，Handbook of optical constants of solids および solids II
4) 中央大学新井研究室資料
5) 新井武二：超短パルスレーザ加工の表面科学，精密工学会2017年度春季講演学術論文集（2017）
6) F. F. Chen 著，内田岱二郎訳：プラズマ物理入門，丸善，p.274（1977）
7) レーザー光とプラズマの非線形相互作用，プラズマ核融合学会誌，p.11-18, Vol.81, Suppl.（2005）
8) R. Fabbro, J. Fournier, P. Ballard, D. devaux, J. Virmont: Physical study of laser-produced plasma in confined geometry, 1990 American institute of Physics p.775 J.Appl.Phys.68(2)（1990）
9) Takahiro Ando, Shunichi Sato, Hiroshi Ashida, Minoru Obara: Propagation Characteristics of Photomechanical Waves and Their Application to Gene Delivery into Deep Tissue, Ultrasound in Med. & Biol., Vol. 38, No.1, pp.75-84（2012）
10) Yuji Sano, Naruhiko Mukao, et all.: Residual stress improvement in metal by underwater

第 3 章　微細加工の基礎事項　　61

laser irradiation, Nuclear Instruments and Methods in Physics Research B 121, pp.432-436
（1997）

11）渡辺圭子，佐野雄二他：レーザピーニングで誘起される水中圧力に対する金属板厚の影響，
Sci.Tech.Energetic Materials. Vol.65, No.5, pp.161-166（2004）

12）新井武二：超短パルス加工の表面科学，2017 年度精密工学会春季大会・学術講演会講演論文集
F01pp.415-416 および中央大学新井研究室資料

13）M. Hishida, A. Semerok, O. Gobert, G. Petit and J. F. Wagner: "Ablation threshold of metals
with femtosecond laser pulses," Proc. SPIE. 4423, pp.178-185（2001）

14）S. Nolte, C. Monma, H. Jacobes, A. Tunnermann, B. N. Chichkov, B. Wellengehausen and H.
Welling: "Ablation of metals by ultrashort laser pulses" J.Soc.Am.B,14, pp.2716-2711（1997）

15）中央大学新井研究室資料

16）藤原裕之：分光エリプソメトリー 第 2 版，丸善出版（2011）または，Handbook of optical
constants of solids および solids II

17）新井武二：e ラーニング「レーザ加工技術」，科学技術振興機構（JST Web 教材）

18）小原實他：レーザー応用工学，コロナ社，p.187（1998）

19）S. I. Anisimov, et all.: Effect of powerful light fluxes on metals, Sov.Phys.Tech.Phys., 11, 945
（1967）

20）八木隆志：フェムト秒レーザーを用いた微細加工現象の素課程：物質とレーザーパルス相互作用
の観点から，第 163 回レーザ協会研究会資料（2010）

21）吉原邦夫：物理光学，共立出版，p.235（1974）

22）S. S. Charschan: Laser Industry, Van Nostrand Rein-hold Co. pp.105-108（1972）

23）レーザー学会編：レーザープロセッシング，日経技術図書，p.218（1990）

24）S. I. Anisimov, et all.: effect of powerful light fluxes on metals. Sov.Phys.Tech.Phys., 11, 945
（1967）

第4章

代表的な微細レーザー加工

4.1 微細穴あけ加工		**64**
4.1.1	解析方法	64
4.1.2	実加工実験	71
4.1.3	加工におけるエネルギーの配分	73
4.2 極薄板の切断加工		**76**
4.2.1	加熱源スポット形状の速度依存性	76
4.2.2	表面に発現する光源の形状測定	77
4.2.3	極薄板の切断加工	82
4.2.4	ファイバーレーザーによる高速加工	87
4.3 表面機能化		**93**
4.3.1	高分子材料の表面機能化	93
4.3.2	固体の接触角と自由エネルギー	94
4.3.3	金属材料の表面機能化	105
4.3.4	レーザー加工とトライボロジー	107
4.3.5	表面ポリシング	108
4.3.6	レーザーテクスチャリング	109
4.4 ガラス系材料の微細加工		**111**
4.4.1	石英ガラスの表面加工	112
4.4.2	ガラスの内部加工	118
4.4.3	ガラスの切断加工	125
4.4.4	ガラスの吸収率と反射率	136

レーザーによる微細加工で加工対象となる材料は箔のように極めて薄い場合が多く，また，必然的に使用するレーザーは低出力赤外レーザーか短波長レーザーや短パルスレーザーである．短パルスレーザーにあっては超短パルスレーザーの加工例もあるが，狭隘な微小な加工後の材料分析は顕微鏡の世界となり，目視などの一般的な観察が容易ではなく数値の取り扱いも困難を極める．その上，発振条件の正確な測定が難しく，計算値やカタログ値に頼るしかないことなどから，短パルスレーザーを用いた加工の数値解析はあまり進んではいない．しかし，加工のメカニズムは加工時間（発振時間）に差こそあれ基本原理は大きく変わらないので，ここでは加工対象となる材料が箔材のようにごく薄い場合か，またはレーザー発振器が微細加工用レーザーを用いた場合の穴あけ加工，切断加工，表面加工など代表的な加工例について述べる．

4.1　微細穴あけ加工

レーザーによる穴あけ加工は，その加工メカニズムにおいて独特のものをもっている．加工径によって熱源エネルギーおよびその密度は時間的にも空間的にも一定ではなく，穴加工の時間とともに減少していて，これがレーザー穴あけ加工現象を複雑にしている．特にごく薄板の微細加工では，加工時間と正確なエネルギー配分やそれに伴う加工現象の理解が最も重要である．しかし，ごく薄板の場合，加工部位の金属組織観察および分析にも独特の難しさがあり，加工穴の温度解析にも特別の取扱いを必要とする．

箔のようなごく薄板金属にレーザーを照射し，表裏面の加工穴の増加傾向や組織などを観察することができる．また詳細な実験の分析からは，照射時間ごとの断面形状の変化を分析することが可能である．この場合，組織変化はレーザー照射による熱的な反応速度から導かれる．その結果，穴あけ加工の貫通前と貫通後では関与するエネルギーは変化し，照射時間ごとの除去体積も変化することが明らかとなっている．

ここでは，YAG 第 3 高調波を用いていくつかの金属箔の微細穴加工を行い，実験結果を基に穴加工形成に伴う加工エネルギーの計算と熱影響層の理論的評価を試みる．

4.1.1　解析方法

（1）　加工エネルギー計算

加工エネルギーの計算は，集光されたスポット熱源を積分して求められるが，熱源形状をガウス熱源と仮定した上で，使用装置のレーザービームは必ずしも理想的ではないので，シミュレーションではほぼ理想の $M^2 = 1.2$ のスポット

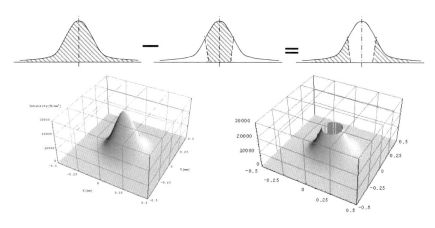

図 4.1　レーザー穴あけ加工の模式概念図

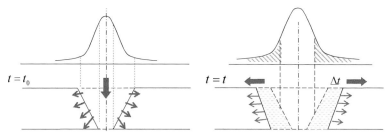

図 4.2　レーザー穴あけ加工の熱移動の模式図

径を採用した．これによって，穴あけ加工時に形成される形状から，関与するエネルギーと穴から抜けて通過するエネルギーとを計算した．図 4.1 に穴あけ加工の熱源関与の模式図を示す．熱源によるエネルギーの式は以下に与えられる[1]．

$$W = \int_0^\infty I_0 e^{-\frac{2r^2}{b^2}} 2\pi r dr \qquad (4.1)$$

ここで，I_0 をピーク出力，b をスポット径，r を中心からの距離とする．

一旦穴が貫通すると，加工された穴径に相当する熱源のほとんどはそのまま通過する熱源となり，加工に用いられるエネルギーは関与熱源として時間とともにその都度計算される．

(2) 熱の伝達

レーザー照射であけられた穴の周りの温度を計算するためのモデルとして，加工穴を無限固体中にある半径で，一定温度をもっている円柱空間と仮定すると，モデルは材料の厚みに無関係に穴の周りの熱伝導計算を行うことができ

66   4.1 微細穴あけ加工

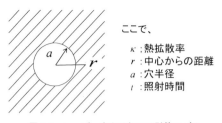

ここで，
κ：熱拡散率
r：中心からの距離
a：穴半径
t：照射時間

図 4.3 レーザー穴あけ加工の計算モデル

る[1,2]．材料内を熱が伝わる穴加工の概念図を図 4.2 に示す．

またその計算モデルを図 4.3 に示す．

無限板状の固体中で半径 $r=a$ とすると，基礎方程式は，$0<a<r,\ t>0$ に対して，

$$\frac{\partial \theta}{\partial t} = \kappa \left(\frac{\partial^2 \theta}{\partial r^2} + \frac{1}{r} \cdot \frac{\partial \theta}{\partial r} \right) \tag{4.2}$$

境界条件　$t=0$ のとき　　$t=a$ において　$\theta=1$
初期条件　$r>a>0$ のとき　$t=0$ において　$\theta=0$

としてこれを解くと[1]，結果として以下の式を得る[2]．

$$\theta = 1 + \frac{2}{\pi} \int_0^\infty e^{-\kappa u^2 t} \cdot \frac{J_0(ur)Y_0(ua) - J_0(ua)Y_0(ur)}{J_0^2(ua) + Y_0^2(ua)} \cdot \frac{du}{u} \tag{4.3}$$

これは円柱内が温度 1 の非定常熱伝導であるが，抜けた穴は径や時間に関係なく周囲が溶融していることから，少なくとも境界内は溶融以上の温度であることは明らかである．したがって，この穴の境界すなわち円周上は材料の溶融温度 θ_0 と置き換えることができる．その結果，穴の周囲へと伝わる熱伝導の式は以下に与えられる[1]．

$$\theta(r) = \theta_0 \left\{ 1 + \frac{2}{\pi} \int_0^\infty e^{-\kappa u^2 t} \cdot \frac{J_0(ur)Y_0(ua) - J_0(ua)Y_0(ur)}{J_0^2(ua) + Y_0^2(ua)} \cdot \frac{du}{u} \right\} \tag{4.4}$$

ここで，κ を熱拡散率 [m²/s]，r を中心からの距離，a を穴半径，t を照射時間．ただし θ_0 は溶融温度であるが，ごく短時間反応の場合は個々の照射時間で異なることが想定される．

ごく短時間材料に熱源が急速にかつ瞬時に関与する微細穴あけ加工では，微小な領域で急峻な温度勾配をもつため温度変化を直接求めることは難しい．したがって，温度と物質の熱的な状態変化を基に反応速度論的に反応速度曲線を求め，それから計算する必要がある．

(3) 照射時間と反応速度

加工時間がごく短時間の微細加工で温度と材料の熱反応の関係を直接求める

表 4.1　使用材料の化学成分比較

	Iron Chrome No.2 鉄クロム2種	Stainless Steel SUS304
Cr	$17 \sim 21\%$	$18 \sim 20\%$
C	$< 1.0\%$	$< 0.08\%$
Mn	$< 1.0\%$	$< 2.0\%$
Si	$< 1.5\%$	$< 1.0\%$
Al	$2 \sim 4\%$	
Fe	Balance	

ことは難しい．ごく短い時間に起こる反応は，十分時間をかけて反応した場合の反応結果に比較して，同様の反応結果を得るためにはより高い温度を必要とする．すなわち時間の短い場合には実際より高い温度で同様の反応結果が生じることが知られている．鉄鋼材料では温度上昇に伴う組織変態や材料溶融がその温度と反応の基準となり得る．

　ごく微細の加工に用いる材料は金属箔のような薄板材である．そのため，微細な穴あけ実験で用いることのできる金属箔は材種が限られる．一般的な板厚で急速な加熱・冷却時における S45C の変態温度の変化についての反応速度曲線は既に得られている[1]．しかし，箔材としてはほとんど市販されていない．これに対してステンレス材（SUS304）では箔材が存在する．そのため箔の微細穴あけ実験には SUS304 を用いた．ただ，ステンレス鋼材の場合は，溶融点は求められるが変態温度をもたない．ステンレス箔材のような加工素材は圧延材が多く，その場合には温度が $1050 \sim 1080$℃で再結晶し結晶が粗大化するので，この温度を基準にすることができる．

　確度を高めるための参考値として，SUS304 のステンレス鋼に成分組成の類似し変態点をもつ鉄クロム鋼（Iron Chrome No.2）でも同様の実験を行った．表 4.1 に両者の化学成分の比較を示した．その結果から，金属材料の融点や変態点（または結晶粒の粗大化）の温度は材種によって異なるが，鉄系材料において反応速度論から求められる曲線の傾斜（勾配）はほぼ同じと仮定することができ，反応的に十分長い場合の金属材料固有の融点や変態点などがわかれば，その時間と温度に曲線の勾配から，時間が極端に短くなった場合の反応温度を推定することが可能である．

　熱反応系物質の温度による物性の変化を利用して，材料の間接的な反応速度を求めることができる．レーザー加工で用いる鋼材などの熱反応系物質における反応時間と反応温度の関係は式(4.5)のようになる[4]．

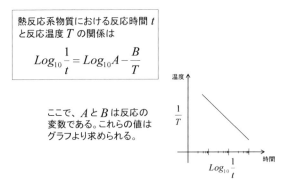

図 4.4　反応時間と反応温度の関係（反応速度）

$$\log_{10}\frac{1}{t} = \log_{10} A_n - \frac{B_n}{T} \tag{4.5}$$

ここで t は反応時間，A，B はそれぞれ反応の定数で，T は反応の絶対温度を示す．その関係グラフを図 4.4 に図示した．また，この実験に用いた S45C と SUS304 の実測によるいくつかの温度に対する熱拡散率と熱伝導率などの熱定数を図 4.5 に示す．この図より 400℃以降から近づき始め 800℃付近でほぼ同じ値になることがわかる．レーザー加工範囲ではこの温度を超えるためほぼ同値になる．ステンレスや炭素鋼は箔材の入手が困難なため，両者は高温域で類似すると考える．

S45C に対しては，材料表面にレーザー光を走査するビードオンプレート実験によって，材料の表面溶融温度や変態温度の変化を求められている．例えば，表面焼入れのような方式で，材料内の変態温度と表面が溶融する速度と温度を推算したものがある．このときの走査速度は微小単位距離を通過する時間に置き換えて，間接的に熱の関与時間と溶融温度の関係が求める．この結果から，式(4.5)における反応温度と反応時間の直線（片対数グラフ）の勾配が得られる．その結果を図 4.6 に示す．

その結果から S45C における溶融点の変化曲線は，
$$A_1 = 1.0 \times 10^{12}, \quad B_1 = 1.0 \times 10^4$$
を得た．

また，S45C における変態点（A_1）の変化曲線は，
$$A_2 = 1.0 \times 10^8, \quad B_2 = 1.0 \times 10^4$$
を得ている[2]．

勾配が求められたので，ごく短時間の溶融温度，変態温度を決めるために基準となる温度を設定する必要がある．瞬間パルス熱源により与えられた熱量が，

第 4 章　代表的な微細レーザー加工　　69

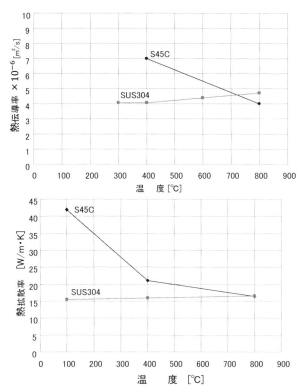

図 4.5　金属材料の熱定数と温度依存性

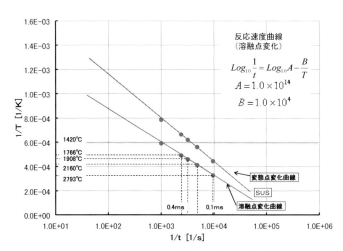

図 4.6　ステンレスの反応速度論（温度と時間の関係）

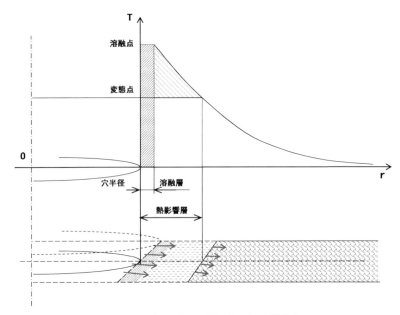

図 4.7　穴あけ加工の熱伝導モデルの模式図

平面平板で一様な微小深さに吸収されたとすると，一次元熱伝導方程式による材料内部の距離 l における温度変化は次式で近似できる[5]．

$$T(l,t) = \frac{Q}{\rho C l}\left[1 + 2\sum_{n=1}^{\infty}(-1)^n \exp\left(\frac{-n^2\pi^2}{l^2}\alpha \cdot t\right)\right] \quad (4.6)$$

ここで，材質を SUS305 として用いた熱定数の値は，比熱 $C = 502.3$ [J/gK]，密度 $\rho = 8030 \times 10^3$ [g/m^3]，熱拡散率 $\alpha = 5 \times 10^{-6}$ [m^2/s] である．

ステンレスの穴あけ加工実験による平均穴径と照射時間の関係では，計算から照射時間 $t = 0.8 \sim 0.9$ ms 近傍で穴半径の増加は見られない．したがって，$t = 0.9$ ms 以上の時間では穴の加工は進展せずに，材内の温度変化のみによる反応であると考えられるので，この時間以降の温度変化を式(4.6)から計算によって求める．さらに，金属組織は穴の中心から 20 〜 30 μm 程度の深さ（輻射方向）で組織の変化が見られなくなる．このことから，計算では距離 $l = 20$，30 μm までの計算を行えばよいことがわかる．実際の計算では，照射時間 0.1 ms では温度が飽和する．その結果から，本実験のごく短時間の反応では，照射時間 1.0 ms で十分反応が飽和していると仮定することとができる．これがごく短時間の照射による熱反応系における通常の時間と温度で反応する十分長い時間での溶融点相当である．上記のことから，1 ms 時の溶融温度は通常

の十分時間が長い状態におけるステンレスの溶融温度 1,420℃であるとみなすこととする．

溶融と変態の勾配を合わせて，基準溶融温度に合わせると式(4.5)により，反応の定数は以下のように与えられる．

SUS 304 における溶融点の変化直線は，
$$A_1 = 1.0 \times 10^{14}, \ B_1 = 1.0 \times 10^4 \qquad (4.7)$$
を得る．

これにより各照射時間における溶融温度 θ_0 が求まることから，式(4.4)を用いて各照射時間に対する材料内の温度分布を求めることができる．結果の計算模式図の例を図 4.7 に示す．なお，式(4.4)の詳細は別冊を参照されたい[1]．

4.1.2 実加工実験

(1) 照射時間と穴径

波長 $\lambda = 355\,\mathrm{nm}$ の YAG 第 3 高調波を用いて，厚さが $10\,\mu\mathrm{m}$ のステンレス (SUS304)，銅，鉄クロム鋼などの金属箔にレーザーを照射し穴あけ加工を施した．このうち，実験によるステンレスと銅材の測定結果の一例を図 4.8 と図 4.9 に示す．ごく薄い金属箔の場合でも，表裏の穴径に大きな差が見られる．このことは極表層で反応が起こっていることを意味している．穴径は照射時間の増加とともに表面・裏面ともに一定値に近づく．一定以上の時間を過ぎると，穴径の増加はほとんど見られなくなる．

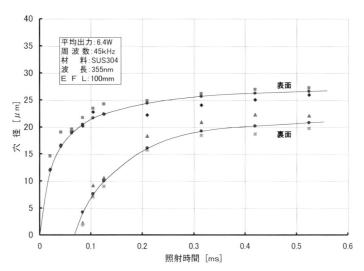

図 4.8 ステンレスの照射時間に対する加工穴径の推移

72   4.1 微細穴あけ加工

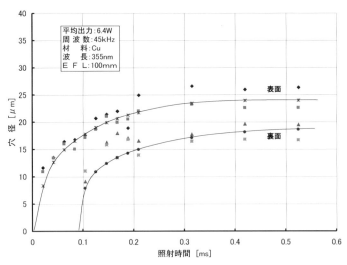

図4.9 銅材の照射時間に対する加工穴径の推移

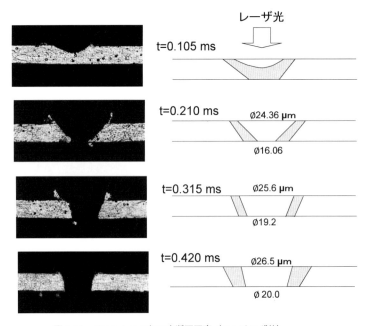

図4.10 ステンレスの加工穴断面写真（エッチング後）

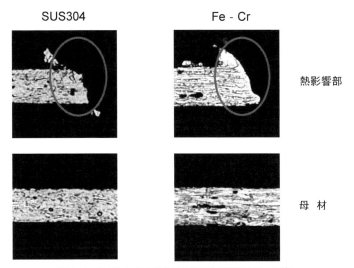

図 4.11 ステンレスと鉄クロム鋼の熱影響部の拡大写真

(2) 断面形状

　時間を変化させて穴あけ加工した結果から，測定可能な表面・裏面の穴径からごく薄い板材の断面の形状をほぼ推測することができる．これから照射時間が増加するごとに除去される量を推算することが可能である．実際に得られた照射時間ごとに異なる加工部の金属組織断面形状写真とその金属組織を示した．この観察結果の加工痕跡からも，瞬時の爆発的な飛散除去による加工であることが判断できる．また，穴あけ加工に要する時間と加工の推移を知ることができる．結晶粒子の粗大化などの熱影響層については，判別はできるもののごく短時間反応であるがゆえに境界の明確さに欠ける．その断面形状と組織を図 4.10 に示す．

　熱影響部を拡大した写真を示す．ごく短時間反応なので組織の変化は明瞭さに欠き，やや中間段階的な変化をしている．明確化のために，成分が類似する低カーボンの鉄クロム 2 種（Iron Chrome No.2）を用いて同様の実験を行い，この組織変化の大きさを比較対照した．拡大して観察するとステンレスの場合には結晶粒の粗大化，クロム鉄の場合には変態組織が観察される．その結果，ステンレスは熱影響部に相当する部分はさほど大きくないことがわかる（図4.11）．

4.1.3　加工におけるエネルギーの配分

　実験と計算の結果から，紫外線レーザーの集光ビームを用いて，箔のような

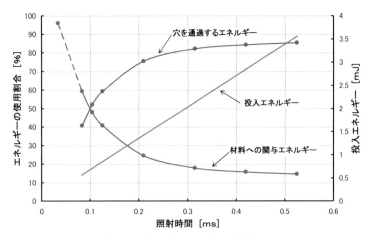

図 4.12　穴あけ加工のエネルギ分配

ごく薄板に穴あけ加工を施す場合，照射された材料は溶融・蒸発し瞬時にかつ爆発的に除去されて中心が抜ける．その後，抜けた穴の周りはレーザー熱源の裾の部分によって横方向にごく短時間熱伝導する．この際，材料に関与する熱エネルギーは加工時間ごとに異なる．穴径が異なると関与熱源も異なることから，材料の熱影響層が異なる．照射時間によって刻々と変化する様子を図 4.12 に示した．

箔のようなごく薄板に短時間の穴あけ加工を施した場合，

1) 照射された材料は瞬時に溶融・蒸発し爆発的に除去される．照射時間が微増すると中心が抜ける．このとき，照射される材料の上面と下面の穴径の差は相対的に大きいが，時間とともにその差は縮まる．

2) 投入されるエネルギーは時間経過とともに増加するが，穴径が大きくなるので通過するエネルギーも増加するため，反対に材料に関与するエネルギーは減少する．例えば，照射時間 0.3 ms を越えるとほとんど 80 % 以上のエネルギーが穴から通過し，20 % 以下のエネルギーが加工に関与する．

3) 一旦穴があくと，抜けた穴の周りはレーザー熱源の裾の部分によって横方向にごく短時間熱伝導する．その結果，材料に関与する熱エネルギーは加工時間ごとに異なる．したがって時間が長く穴径が十分大きくなると，発生する溶融層はやや小さくなるか，または変わらないが，材料内の熱影響は微増する．

4) 反応時間と温度の関係を間接的な物理変化量から求めた反応速度曲線を仮定した場合，同じ溶融温度でもごく短時間での反応はより高温で生じ，

第4章　代表的な微細レーザー加工　　75

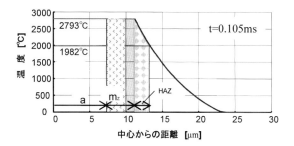

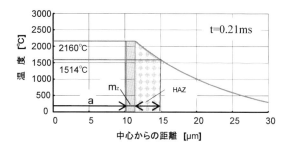

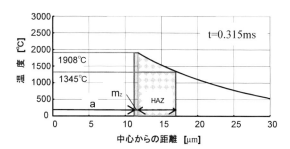

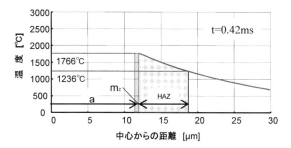

図4.13　穴あけ加工の時間経過と温度分布変化

例えば，照射時間が 0.1 ms の場合は穴が十分に加工された 0.4 ms の場合に比べて約 1.6 倍高温で溶融される．

図 4.13 には，図 4.6 の反応速度の図と式(4.4)から求めた速度変化と出力変化に基づく計算結果を示す．

図では穴あけ加工の時間経過と温度分布変化を示した．溶融を含めた熱影響層は，表面の見かけほど大きくはない．同じ溶融温度でもごく短い反応ではより高温が作用する．

4.2 極薄板の切断加工

4.2.1 加熱源スポット形状の速度依存性

発振器から出たレーザーは一定のビーム特性（スポット径，モード）をもって照射され，材料表面で熱源スポットとして作用する．この材料面の熱源スポット形状は，加工中の材料の走行速度変化に対して不変なものとして長い間扱われてきた．しかし，発振器からでた光は材料に到達する直前までは一定でも，材料面では光と材料の相対運動による作用によって，表面で発現する熱源スポットは加工速度に応じて形が変わると考えられる．この事実を確認するために，赤外用センサーおよびメッキ鋼板などを用いて実験を行った．その結果，材料面での熱源スポット形状は加工速度によって変化することを確認した．測定結果は，汎用性をもたせるために，速度に応じた形状変化の割合として整理された．

一方，昨今急速に伸びているレーザー応用にファイバー切断がある．ファイバーによる切断は集光スポット径が非常に小さく，薄板領域では高速切断が可能であることが知られている．特に，箔などのごく薄板の切断速度は数百 m/min に達する．速度が極めて速いので，目では勿論のこと，高速度ビデオカメラでもビーム走行時の熱源位置や形状を認識することは難しい．それゆえ切断の現象解明は困難を伴い，高速切断に関する解析はほとんど行われていない．切断時の温度分布は数値計算で求めることができるが，切断に直接的に関与する材料上での切断フロント近傍の熱源関与の状態は不明で，速度ごとに異なることが予想される．そのため，速度に応じた形状変化の割合を用いて，ファイバーレーザーによる薄板の高速加工時の切断に関与する熱源領域の割合を推算する．また，高速切断時で重要な点である加熱領域の割合と変化する除去領域の関与の割合を検証する．

4.2.2 表面に発現する光源の形状測定

　レーザー加工は，時間を関数とした光と材料の相互作用である．静止状態でレーザーが照射される以外はほとんどの場合レーザー光と材料は相対的に運動しているため，相互の変動要因を必然的に含むことになる．その結果としてのレーザー加工は，表面に形成される熱源が変化するダイナミック現象を伴うと考えられる．赤外レーザーによる薄板の切断加工は，レーザー加工は加工部が狭隘なうえに高輝度かつ高速で，加工が内部に及ぶため観測は難しい．とりわけ，近赤外光のファイバーレーザーなどの高速加工では，カメラが移動速度に追従できないため，ビームの照射位置が常に一定となる光軸固定の加工機以外では観測は困難である．観察を可能ならしめ照射直後の元の熱源の形状を測定するために，赤外レーザー用に開発された特殊なプローブを用いる．これは蛍光プレート（Thermal Image Plate）と呼ばれているが，不可視光の赤外光や近赤外光を可視化し，平面上でビームの位置と形状を可視化するツールである．

　このプローブ板の表面は蛍光塗料が塗布されていて，紫外ランプによる照明で反応し明るい黄緑色を発して見える．これに材料上で加工や反応を伴わない程度の微弱光のビームを照射すると，黒く暗部となって熱源の材料表面での形状を観察することができる．ビームを取り除くと加工されない元の状態に戻る．ただし，蛍光体なので速度が速まると残像が生じる．比較のために，残像を残さず表面だけで発光する他の表面コート材の金属材料（SECC，SPHC など）でも試みた．これらの表面発現スポットは残像を残すことなく減少傾向を示す．また，走行後も表面で加工痕を伴わない．これを2方向の高速度カメラ（Photron *FASTCAM* Mini AX）で斜め 45°から観察し，正面位置での画像に変換処理した．図 4.14 と図 4.15 に測定の様子とその結果を示す．速度が増すにつれてほぼ楕円に変化していく様子を観測することができた．また，その減少の割合をグラフで図 4.16 に示す．このように，一方向に進む円形熱源は，その中心と両サイドで熱源の材料上の通過距離に違いがあり，それにより材料表面で発熱に関与する時間が異なるために，中心より両サイドで発現する熱が弱く熱源は変形すると考えるのが自然である．なお，蛍光板による観測で得られる像（形状の Image）の寸法は絶対的な値ではない．なぜなら蛍光板上での観測は境界があまり鮮明でなく，走行速度の速い場合は後方へ残像現象が見られることがある．しかし，切断幅に相当する径方向や形状は，実際の金属表面での測定でも速度増に伴う切断幅の減少の割合に類似し減少割合はほぼ一致する．図 4.17 には角度をもって観察した像を上から見た元の形状に復元した．形状の

4.2 極薄板の切断加工

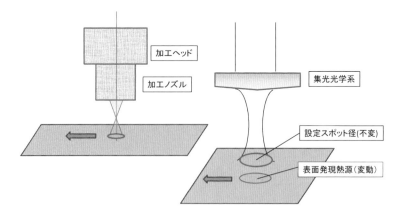

※表面で発現した熱源形状がその後の加工を決定する

図 4.14 設定スポット径と表面発現熱源のモデル

高速度カメラによる撮影

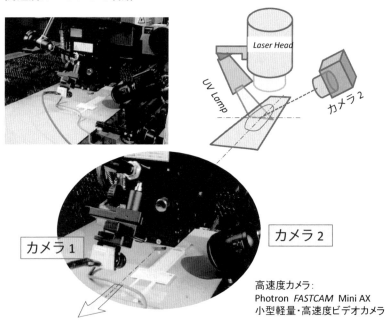

高速度カメラ:
Photron *FASTCAM* Mini AX
小型軽量・高速度ビデオカメラ

図 4.15 設定スポット径と表面発源熱源のモデル

第 4 章　代表的な微細レーザー加工　　79

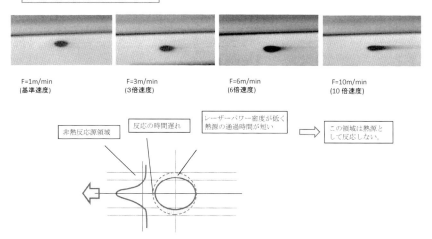

図 4.16　速度の倍数に対応した形状のセンサーによる観測

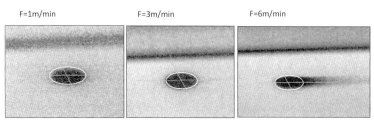

図 4.17　図形の形状復元

復元によって真上からの形状に変換したものである．図 4.18 には，金属材料上での光を観察したもので，速度の増加に伴って熱源スポット形状が変化していることがわかる．金属材質は表面皮膜のある SECC 材であるが，速度変化に伴う材料表面で発現する熱源スポット形状を観察した写真を図 4.19 に示す．

4.2 極薄板の切断加工

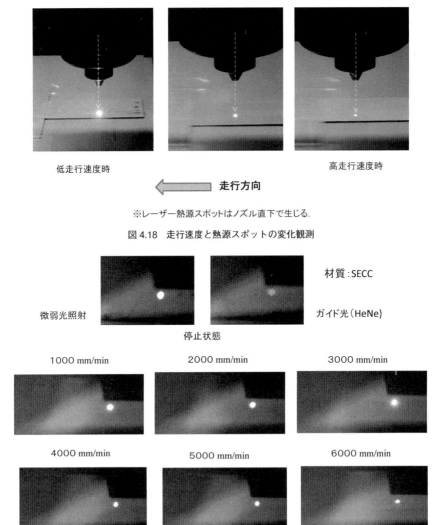

低走行速度時　　　　　　　　　　　　　　　　　　　　高走行速度時

← 走行方向

※レーザー熱源スポットはノズル直下で生じる．

図 4.18　走行速度と熱源スポットの変化観測

材質：SECC
微弱光照射　　　　　　　　　ガイド光（HeNe）
停止状態

1000 mm/min　　　2000 mm/min　　　3000 mm/min

4000 mm/min　　　5000 mm/min　　　6000 mm/min

図 4.19　材料表面で発現する熱源スポット

参考に停止状態のスポット径の形状とガイド光の He-Ne のスポット径も示した．光はすべて微弱光で光が通過後には薄い加工痕か，またはほとんど確認されない．その様子を図 4.20 に示す．走行速度に伴う幅変化は，センサーによる測定結果の割合とほぼ一致すると考える．これらの測定結果から，図 4.21

第 4 章　代表的な微細レーザー加工　　81

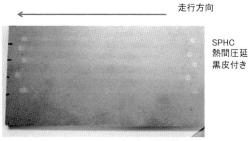

表面加工跡が薄く表れる

表面加工跡は殆ど見えない

図 4.20　材料表面で発現する熱源スポット

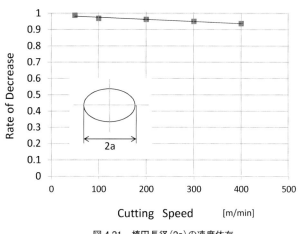

図 4.21　楕円長径(2a)の速度依存

と図 4.22 には，速度による変化の割合を示した．図 4.21 には楕円長径の速度依存を割合で示し，図 4.22 には楕円短径の速度依存の割合を示した．

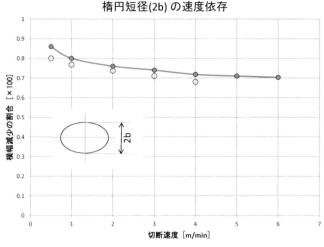

図 4.22　楕円短径の速度依存

4.2.3　極薄板の切断加工

(1)　加熱領域の数値計算

　ファイバーレーザーによる加工は極めて高速で，目視観察やその場計測が不可能であるため，ここでは熱源の切断フロントにかかる熱源の割合を理論的に検討する．材面での熱源は楕円形であることを考慮すると，定常切断加工時のモデル（図4.23）から，加熱領域熱源（関与熱源）と除去領域熱源（非関与熱源）の割合を理論的に導き出す．

　本計算モデルはファイバーレーザーによる高速切断を前提に以下の仮定を設ける．

1) スポット径は極めて細い（計算値：$\phi = 20\,\mu m$）ので移動線熱源として扱う．
2) ファイバー伝送時は一様な円形分布熱源であるが，走行時には材料面で熱源形状 が変化するため，計算では速度に応じた楕円熱源を用いる．
3) 箔などのごく薄板の切断では，熱の伝達は2次元的であると考えられる．
4) 実際の加工実験ではアシストガスは使用していない．したがって，本計算では活性ガスによる付加的な酸化燃焼反応については考慮しない．

　微細加工で対象となる材料がごく薄板もしくは箔のような材料となることから，必然的に加工は高速化するので熱源スポットの変形は無視できない．ここでは400Wクラスのファイバーレーザーによる金属箔の高速切断のための理

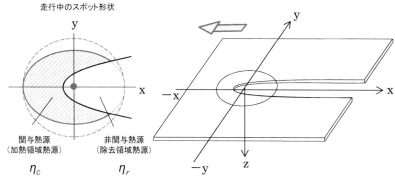

図 4.23 極薄板の切断モデル

論解析を行う.

金属箔の切断モデル出は熱源が小さく厚さも非常に薄いので平面上で移動点熱源を用いる. ごく薄い平板上に, 移動する点熱源を $-x$ 方向に, 時間 t' の時間に原点から速度 v で移動するときの温度分布は, Calslaw & Jaeger および W. W Duley らによって次式で与えられている [5].

$$\exp\left(\frac{vx}{2\alpha}\right) = \frac{2\pi\lambda l \theta(x,y,t)}{AWK_0(vr/2\alpha)} \tag{4.8}$$

ここで, K_0 は 0 次の第 2 種変形ベッセル関数である. さらに, 熱源の吸収率を A, レーザー出力を W, 板厚を l とする.

切断では溝を除去する除去関与熱源と切断フロントの加熱に関与する予熱領域熱源とに分かれることから, 関与する熱源の割合を η_c とすると, $x<0$ で $x\neq 0$ において, 式(4.8)は改めて,

$$\theta(x,y,t) = \frac{AW\eta_c}{2\pi\lambda l} e^{\frac{vx}{2\alpha}} K_0\left(\frac{vr}{2\alpha}\right) \tag{4.9}$$

となり, レーザー加工に即した線熱源の式が導かれる [6].

ここで, 切断フロントで関与する熱源の割合を求める. すなわち, 熱源中で溝となって除去される部分の割合と溝の周辺で加熱され未除去部分の割合との割合を数学的に求める.

定常状態における熱源のエネルギー配分は,

  溝となって除去される部分の割合 ………… η_r
  溝の周辺で加熱され未除去部分の割合 …… η_c

の 2 つの部分に分類される. 図 4.23 にその関係図を示す.

これにより, 原点に位置する強度 $AP\eta_c$ の線熱源に置き換えられると仮定する. 無次元基準軸に置き換えるために,

4.2 極薄板の切断加工

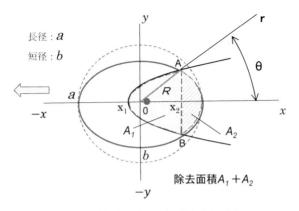

図 4.24　楕円熱源内の除去に使われる熱源

$$X = \frac{v}{2\alpha}x \quad Y = \frac{v}{2\alpha}y \quad R = \frac{v}{2\alpha}r \tag{4.10}$$

とおいて，溶融温度を T_m とすると，原点では，

$$T_m = \frac{APC}{\eta_c K_0} \times 1 \times 1$$

から，

$$C = \frac{2\pi\alpha l T_m}{AP}$$

とし，溶融等温線 $T = T_m$ の位置では，式(4.8)より

$$C = \eta_c e^X K_0(R)$$

$$e^X = \frac{C}{\eta_c K_0(R)} \tag{4.11}$$

また，円の半径を標準化して移動熱源系に直す．

ここで，移動座標系と考慮するために，まず，円の半径を標準化する．図 4.23 から

$$R = \frac{v}{2\alpha}r \quad \text{また，} \quad X^2 + Y^2 = R^2 \quad \text{の関係にある．}$$

次に，切断に寄与する熱源について考える．

図 4.25 から，溝形成で除去される部分はいくつかの部分の面積計算から求まる．

ここで，角度 θ_2 と θ_1 に挟まれた楕円弧の面積は，$F(\theta) = F(\theta_2) - F(\theta_1)$ で

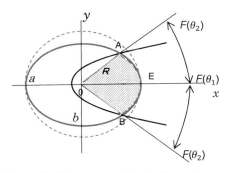

図 4.25 楕円熱源における除去面積の算出モデル（楕円弧）

表されるから，

$$F(\theta_2) = \frac{1}{2}ab\left[\theta - \tan^{-1}\left(\frac{(b-a)\sin 2\theta}{b+a+(b-a)\cos 2\theta}\right)\right]$$

$F(\theta_1) = 0$ となり，

$$\therefore \quad F(\theta) = \frac{1}{2}ab\left[-\tan^{-1}\left(\frac{(b-a)\sin 2\theta}{b+a+(b-a)\cos 2\theta}\right)\right] \tag{4.12}$$

よって，楕円弧 OAB の面積は

$$S = 2 \times F(\theta) \tag{4.13}$$

のように表現される．

また，

$$\triangle \text{OAB} = \frac{1}{2}R^2 \sin 2\theta \tag{4.14}$$

ここで，R は任意の角度 θ の楕円の半径で，

$$R(\theta) = \sqrt{\frac{ab}{a^2\sin^2\theta + b^2\cos^2\theta}}$$

となる．

さらに，残りの部分は x_1 から x_2 までを積分して，

$$2 \times \int_{|x_1|}^{|x_2|} Y\,dx \tag{4.15}$$

となることから，整理すると，A_1 は 式(4.15) で，A_2 は 式(4.13) − 式(4.14) であるから，除去面積は

$$A_1 + A_2 = 2 \times F(\vartheta) - \frac{1}{2}R^2\sin(2\theta) + 2\int_{|x_1|}^{|x_2|} Y\,dx \tag{4.16}$$

これは，照射面積の除去される部分の大きさとなる．

86   4.2 極薄板の切断加工

ところで，移動座標として式(4.11)より両編対数をとって，

$$X = \log\left[\frac{C}{\eta_c K_0(R)}\right]$$

また，

$$\cos\theta = \frac{X}{R}$$

となるから，したがって

$$Y = \sqrt{R^2 - X^2} = \left\{R^2 - \log\left[\frac{C}{\eta_c K_0(R)}\right]\right\}^{\frac{1}{2}}$$

また，$\dfrac{dX}{ds}$ は式(4.11)を微分して求められる．すなわち，

$$e^X = \frac{C}{\eta_c K_0(R)} \qquad \therefore \quad X = \log\frac{C}{\eta_c} - \log K_0(R)$$

ここで，

$$K_{0'}(R) = -K_1(R)$$

となることから，

$$dX = \frac{K_0{}'(R)}{K_0(R)}dR = \frac{K_1(R)}{K_0(R)}dR$$

したがって，

$$A_1 + A_2 = 2F(\theta) - \frac{1}{2}R^2\sin(2\theta) + 2\int_{|x_1|}^{|x_2|}\left\{R^2 - \left[\log\frac{C}{\eta_c K_0(R)}\right]^2\right\}^{\frac{1}{2}}\frac{K_1(R)}{K_0(R)}dR$$

(4.17)

したがって，関与熱源の領域は

$$\pi ab - A_1 - A_2$$

となり，その割合は

$$\eta_c = \frac{\pi ab - A_1 - A_2}{\pi ab}$$

であるから，結果的に，

$$\eta_c = 1 - \frac{F(\theta)}{\pi ab} + \frac{\sin 2\theta}{2\pi ab}R^2 - \frac{2}{\pi ab}\int_{|x_1|}^{|x_2|}\left\{R^2 - \left[\log\frac{C}{\eta_c K_0(R)}\right]^2\right\}^{\frac{1}{2}}\frac{K_1(R)}{K_0(R)}dR$$

(4.18)

または，

$$\eta_c = 1 - \left(F(\theta) - \frac{\sin 2\theta}{2}\right)\frac{R^2}{\pi ab} - \frac{2}{\pi ab}\int_{|x_1|}^{|x_2|}\left\{R^2 - \left[\log\frac{C}{\eta_c K_0(R)}\right]^2\right\}^{\frac{1}{2}}\frac{K_1(R)}{K_0(R)}dR \tag{4.19}$$

を得る．

ここで，R は任意の角度での楕円の半径，K_0，K_1 は第2種変形ベッセル関数 a，b は楕円の長径，短径，c は定数を示す．

4.2.4 ファイバーレーザーによる高速加工

(1) 実加工実験

実験に用いた加工装置は最大出力 400 W のファイバーレーザーで，加工の走査速度は最大 600 m/min（Max. 10000 mm/s）が可能なガルバノ方式で，切断範囲は 70 mm 角をもつ．使用した $f\theta$ レンズ焦点距離：100 mm で，スポット径は 20 μm である．図 4.26 に実験装置の概要を示す．アシストガスを用いないごく薄板の金属材料の切断では，照射部が瞬時に溶融し，熱源の通過時間内に溶融中心が抜ける．一部は蒸発するが，それ以上にほとんど瞬間的な圧力波により溶融部は溝外に排出・除去される．図 4.27 には，平均出力は 200 W で，厚さ $t = 8\,\mu$m の銅箔を，切断速度 100 m/min から 600 m/min の範囲で切断した結果を示す．右側は切断速度 $F = 100$ m/min から 600 m/min の間を 100 m/min ごとに変化させて切断した加工サンプルの表面写真である．また，図 4.28 にはステンレスの厚さ $t = 8\,\mu$m の場合で，切断速度 $F = 100$ m/min から

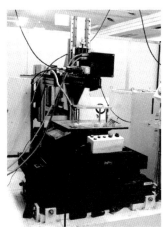

図 4.26　加工装置の全景（装置：㈱レーザックス）

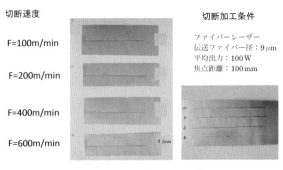

図 4.27 銅箔材の高速切断サンプル

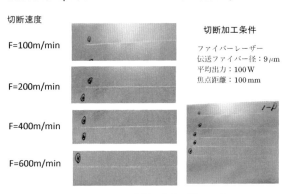

図 4.28 ステンレス箔材の高速切断サンプル

$F = 600\,\mathrm{m/min}$ までの平均出力 100 W で切断した例を示す．なお，非走行時スポット径は $\phi = 20\,\mu\mathrm{m}$ である．さらに図 4.29 には，加工速度をパラメータにしたときの出力変化に対する切断幅の影響を示した．全体に出力を増すにつれて切断幅はほぼリニアに増加する．また，速度の増加につれて切断幅は減少する．高速切断時と低速切断時は減少傾向に差が現れることがあるが，ファイバーレーザーによる薄板の加工は高速で，減少の割合は，非走行時スポット径に対して 85 % から 70 % まで減少する．この実験による切断幅の減少の割合は，センサーによる測定結果（横幅）の減少の割合にほぼ一致するとみなすことができる．

(2) 数値計算による検証

赤外レーザー（ここでは，CO_2 レーザー）による表面に発現する熱源形状

第 4 章　代表的な微細レーザー加工　89

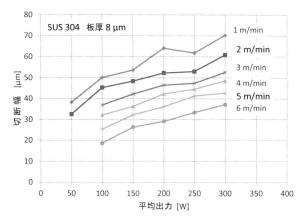

図 4.29　ステンレスの切断速度と幅の関係

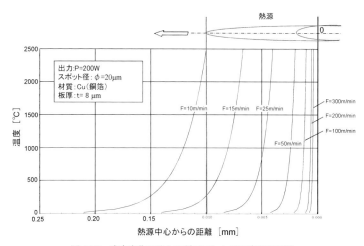

図 4.30　速度変化に伴う切断フロントの温度分布状態

の変化を観察することはできたが，波長の異なる他のレーザーでは，測定に適した光軸固定型の加工機がないため観察が難しい．走行速度により材料表面に生起される熱源の形状（x, y の幅）の減少の割合はほぼ同じ傾向をもつとも考えられるが，材料の表面状態にも依存することも事実であることから，その傾向は実際の加工で材料切断幅の減少傾向に類似するとした．

　材料表面に生起された熱源形状と加工フロントの位置関係を示すことができる．図 4.30 には速度変化に伴う切断フロントの位置関係と前方の温度分布の計算例を示す．これらの結果を利用して，切断速度に対応した温度分布を数値

90   4.2　極薄板の切断加工

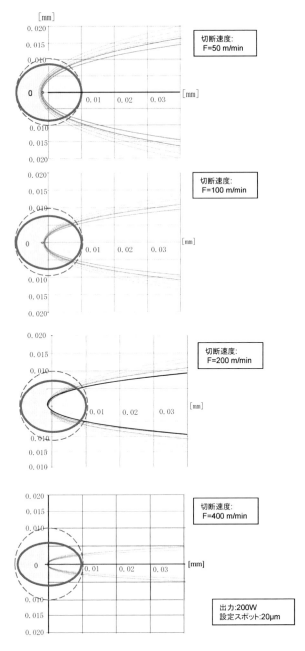

図 4.31　高速切断時の切断速度の影響

第 4 章　代表的な微細レーザー加工　　91

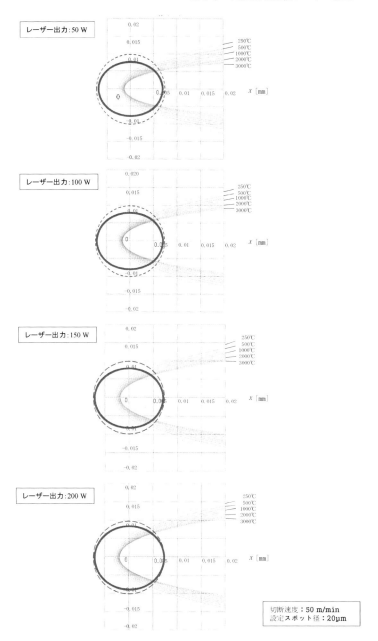

図 4.32　高速切断時の出力変化の影響

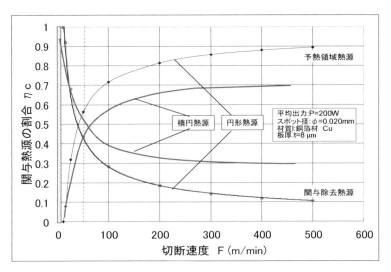

図4.33 切断速度に伴う関与熱源領域の変化

計算から求めて，材料表面に生じる楕円熱源に当て込んで速度と出力ごとの熱源スポットと温度分布を求めた．その結果を図4.31と図4.32に示す．図4.31は平均出力が200W一定で切断速度が50 m/minから400 m/minまで変化した場合の表面の熱源形状とそのときの温度分布を示した．また図4.32には，切断速度が50 m/min一定の場合に，平均出力を50 Wから200 Wまで変化させた場合の表面の熱源形状とそのときの温度分布を示した．これを基に，発生熱源の中で加熱に用いられる領域と切断で除去される領域を計算した．

レーザー切断加工では表面熱源の関わりを確認することは困難を極める．そのため，上のように数値解析やシミュレーションを合わせて用いる必要がある．個々の計算結果は式(4.19)で求められるが，現在ではコンピュータ計算によって得られた図から，面積計算ソフトを用いて部分面積をそれぞれ求めることもできる．その結果から，レーザー加工において材料表面に発現する楕円熱源は速度増に伴い減少することが明らかとなった．

結論的に図4.33には，熱源を不変の円形と仮定した場合と，加工速度で変化する楕円とした場合の熱源関与の割合を比較して示した．計算によれば，この熱源内で切断溝領域に属する除去領域熱源も減少するが，材面で生じる熱源自体も減少するためその割合は30％に収まる．反対に高速域で定常加工時の加熱領域熱源は70％になることが判明した．計算から，加熱領域の関与熱源の割合は，従来の円形とみなして計算したときよりも小さくなることを示した．

発振器によってあらかじめ与えられたビームスポットは材料表面に照射されて加工用の熱源となる．長い間，この熱源の形状は一定で加工速度により変化しないとされてきたが，照射されたレーザービームが材料表面で熱源となるとき，その熱源形状は速度変化に対してどのように変化するかを検討した結果，以下のようなことが明らかとなった．

1) 赤外センサーと表面コートの金属を用いて検証の結果，材料表面で発現する熱源スポットは速度依存性をもち，切断速度が増すと徐々に細くなることが確認された．その形状は楕円形に近似することができる．

2) 熱源スポット内における除去領域における割合は切断速度が遅いと増加し，切断溝内を通過する熱源も増加する．一方では，切断速度が速くなると熱源スポット内の加熱領域は増加し，切断速度が 200 m/min を超えると 70% 近くが加熱源となり，除去領域の熱源は 30% 以下となる．

3) 材料表面に発現する熱源スポットは従来の円形ではなく，楕円形とみなした方が実際に近い．その結果は楕円形の方が加熱領域は小さくなり，熱源スポット領域で除去領域となる部分はやや大きくなる．関与するエネルギーは熱源を円形と仮定したものより 10 〜 15% 程度大きい．

4.3 表面機能化

4.3.1 高分子材料の表面機能化

表面に新たな機能を付加する表面機能化と称する．ここでは高分子材料を例にレーザーによる材料表面に機能化を検証する．工業材料としてエンジニアリングプラスチックに注目が集まっているが，なかでもポリカーボネイト（PC）は，割れにくく非常に衝撃に強い特性をもった樹脂で，強度，耐熱性，透過性に優れたプラスチックである．その上軽量なので，防弾ガラスや新幹線のガラスなど多様な用途に用いられている．この特性を生かして軽量化した上で，外観では金属の代替やネジなどのフィット性のよい機械部品化も考えられている．しかし，これら優れた特性をもつ反面，表面が非常になめらかなため，一般に塗装が難しい．そのため，塗装を考えたとき親水性やぬれ性の改善が必要になる．素材表面にレーザー処理を施すことによって，表面にぬれ性改善の機能を付加することができる．

(1) 実験装置と加工実験

レーザーはパルス幅がピコ秒とナノ秒で発振する波長 $\lambda = 355\,\text{nm}$ の第 3 高調波で周波数 $f = 50\,\text{kHz}$ のレーザー発振器を用いた．ビーム直下に位置した加工台に置かれた加工材料に対して，真上から平均出力とピッチ間隔を変化さ

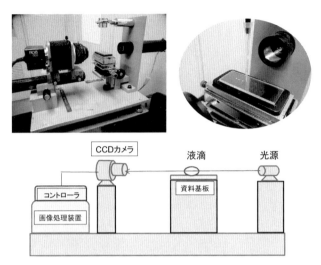

図 4.34 接触角の測定装置（参考）

せそれぞれ照射した．供試材料はポリカーボネイト（三菱化学：HF1110），材料寸法は 76×26×2 mm で $(L \times w \times t)$ で，レンズ焦点距離:40 mm とし，スポット径は約 10 μm になるようにした．

(2) 測定装置

接触角の測定には，協和界面科学㈱製 CA-S ミクロ 2 型モデルでカメラを CCD に改造したものを使用した．測定は一定量の液滴（水などの液量約 1 μL）を材料表面に摘下し，真横から液滴に光を当てて，反対側のカメラで液滴の画像（プロファイル）を捉える．

液滴は，滴下後 20 秒の時間経過後に測定され，その画像はソフトウエアにて解析して接触角を算出される．参考として，図 4.34 には接触角の測定装置の外観を示した．

4.3.2 固体の接触角と自由エネルギー

(1) 接触角の測定

図 4.35 で γ_s は固体基板の表面自由エネルギー（表面張力），γ_L は液体の表面張力，γ_{sL} は固体と液体の界面張力である．水平方向に作用する力の釣合いは Young の式が成り立つ．図 4.36 にはそれらの関係を図示した．試料固体表面上に液体の接触角 $\theta = \theta_A = 2\theta_B$ から求められる接着仕事と拡張 Fowkes の式とを用いて，固体の表面張力の分散成分と極性成分の 2 成分をそれぞれ求め，それらの和として固体の表面自由エネルギーを求める．三種類の液体（水，ホ

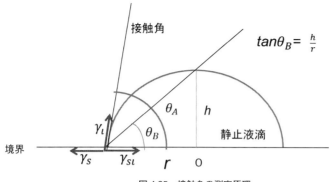

図 4.35　接触角の測定原理

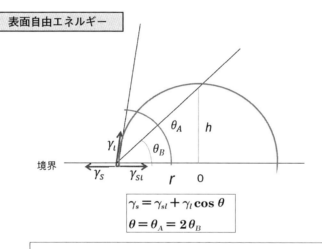

図 4.36　同，表面自由エネルギーの測定

ルムアミド，ジヨードメタン）を用いて，資料固体表面上の液体の接触角 θ をそれぞれ測定した．なお，下付きの s は固体，L は液体を示す．

(2)　自由エネルギーの計算

　自由エネルギー γ は分子間力（van der Waals force）に基づく成分，分散

力項 γ^d と，その他に基づく極性項 γ^p の和によって表される．

$$\gamma = \gamma^d + \gamma^p \tag{4.20}$$

これは，分子間力の同じ成分のみが相互作用するとしたものである．

相互作用に分散力（d 成分）と極性力（p 成分）が寄与する場合，成分 1（固体 s）成分 2（液体 l）の固体の界面自由エネルギー γ_{sL} は Fowkes の式を拡張して以下のように表せる．

$$\gamma_{sl} = \gamma_s + \gamma_l - 2\sqrt{\gamma_s{}^d\gamma_l{}^d} - 2\sqrt{\gamma_s{}^p\gamma_l{}^p} \tag{4.21}$$

ここで，表面には内部の分子と表面の分子間の作用の違いから生じるエネルギー．すなわち，表面自由エネルギーが存在し，このエネルギー接着仕事 W_A（Work of Adhesion）という仕事をなすことができる．上記の測定結果に基づいて，次式から各液体の接着仕事量を求めると，

$$\begin{aligned} W_A &= \gamma_l(1+\cos\theta) \\ &= 2\sqrt{\gamma_s{}^d\gamma_l{}^d} - 2\sqrt{\gamma_s{}^p\gamma_l{}^p} \end{aligned} \tag{4.22}$$

以上から，2 種類以上の液体の分散成分と極性成分のわかっている既知の液体で接触角を測定し固体の分散成分と極性成分を求める．

ここでは，式(4.22)は Fowkes の拡張した式で求めた接着仕事と既知の各液体[8]の 2 種類以上の液体で接触角を測定して，固体の分散成分と極性成分の和が最小になるようにして固体の表面張力を求める．

ここで，

Young の式から得られる接着仕事量を　……　W_{A-Y}

Fowkes の式から得られた接着仕事量を　……　W_{A-F}

とすると，これらはすべての液体について一致するはずであるが，実際には測定誤差によって差異が生じる．この残差の 2 乗の和として

$$F = \left[W_{A-Y}(i) - W_{A-F}(i)\right]^2 \tag{4.23}$$

ここで液番号を付し，(i)＝水，ホルムアミド，ジヨードメタンを目的関数として式(4)の F が最小となる点，すなわち，

$$\frac{\partial F}{\partial \gamma_s{}^d} = \frac{\partial F}{\partial \gamma_s{}^p} = 0 \tag{4.24}$$

となる固体の分散成分と極性成分 $\gamma_s{}^d$，$\gamma_s{}^p$ を求めることで最小自乗法のように最適化する．これから固体の表面自由エネルギーは式(4.20) のように，

$$\gamma_s = \gamma_s{}^d + \gamma_s{}^p \tag{4.25}$$

として得られる．

第 4 章 代表的な微細レーザー加工　　97

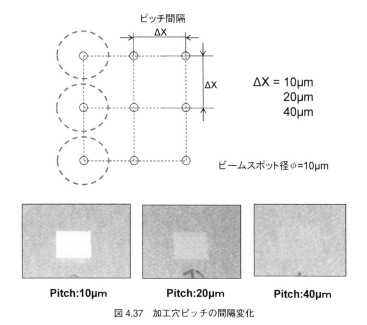

図 4.37　加工穴ピッチの間隔変化

(2)　測定および解析結果
a.　照射間隔の変化

　照射間隔の変化は表面における凹凸の密度変化でもある．その照射間隔が表面張力やぬれ性に与える影響を調べる．図 4.37 には，加工穴ピッチの間隔変化概略図を示した．また，実際に PC 表面に照射ピッチを 10 μm，20 μm，40 μm と変化させた場合の表面の状態を示した．ポリカーネイトは透明性素材であるが，照射ピッチが細かいほど表面の透明性がなくなっている．加工痕の状態を理解できるように，図 4.38 には 20 倍のレーザー照射面と加工穴の断面の測定データを示す．加工深さは 40〜50 nm であるが，ほぼ等間隔に加工されている．さらに，照射間隔を 10 μm，20 μm，40 μm と変化させた場合と無照射の場合の水による液滴面の観察画像を図 4.39 に示した．画像から大まかな傾向が理解できる．接触角は平坦なほど大きい．同様に，図 4.40 には，パルス当たりのエネルギー：2.5 μJ/pulse，パルス幅：15 ps，繰返し周波数：50［kHz］，平均出力 50 mW のときの比較試液で用いるホルムアミドとジョードメタンの 2 つの比較試液による液滴面の観察画像を示した．照射面と無照射面ではその液滴形状に差が見られる．

98   4.3 表面機能化

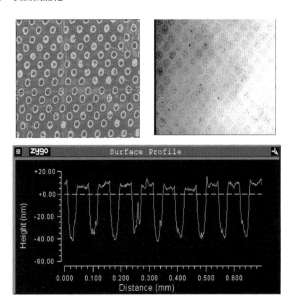

（Zygo new View7200）

図 4.38 レーザー照射面の 20 倍加工面（参考）

液滴観察画像—1（水）　〈レーザー照射試料面に液滴1μlを滴下〉

① ps pitch 10μm

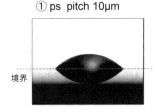

② ps pitch 20μm

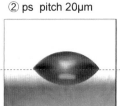

③ ps pitch 40μm

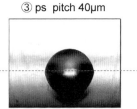

境界

④ 無照射試料

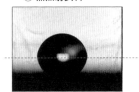

レーザー：ピコ秒レーザー：**15 ps**
周波数：**f = 50 [kHz]**
平均出力：**50 mW**
パルス当りのエネルギー：**2.5 μJ／pulse**
スポット径　**10 [μm]**

図 4.39 水による液滴面の観察画像

第4章 代表的な微細レーザー加工　99

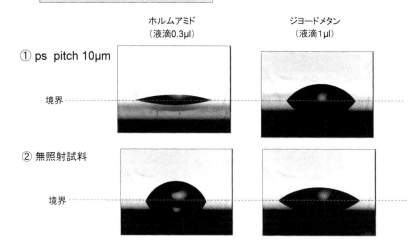

パルス当りのエネルギー：2.5μJ／pulse，w＝15ps，f＝50 [kHz]、平均出力50mW

図 4.40　比較試液による液滴面の観察画像

表 4.2　接触角の測定結果

	接触角（°）θ		
試　　料	水	ホルムアミド	ジヨードメタン
照射間隔 ps 10 μm	43.5°	50.3°	57.9°
照射間隔 ps 20 μm	53.0°	—	—
照射間隔 ps 40 μm	79.5°	—	—
無照射試料　0 μm	82.7°	65.8°	35.2°
照射間隔 ns 10 μm	85.2°	—	—

表 4.3　各液体の表面張力，分散成分，極性成分

	分散成分	極性成分	表面自由エネルギー
試　　料	γ_L^d/mNm^{-1}	γ_L^p/mNm^{-1}	γ_L/mNm^{-1}
水	21.5	50.3	71.8
ホルムアミド	34.3	23.6	57.9
ジヨードメタン	49.5	1.3	50.8

表 4.4　表面自由エネルギー解析結果：2成分分析
（供試材：ポリカーボネイト）

	分散成分	極性成分	表面自由エネルギー
試　　料	γ_S^d (mNm^{-1})	γ_S^p (mNm^{-1})	γ_S (mNm^{-1})
照射間隔 10 μm	24.3	31.1	55.3
無照射試料	38.1	2.1	40.3

（測定精度：±1mNm^{-1}）

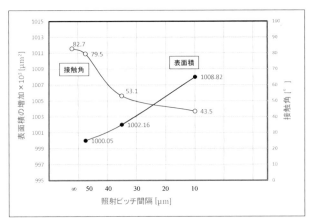

図 4.41　照射ピッチ間隔の変化と接触角の関係

b．接触角の測定結果

ピコ秒レーザーによる照射では 15 ps の照射で照射間隔を 10 μm，20 μm，40 μm と変化させて接触角の影響を見た．また，比較のために無照射の資料の測定データを示した．その結果，表 4.2 に示したように，照射ピッチ間隔を変化させた実験では，10 μm(ps) ＜ 20 μm(ps) ＜ 40 μm(ps) ≦ 無照射 ≦ 10 μm(ns) という順になり，概して照射するピッチ間隔の狭い程，接触角は小さいことが示された．このことはピッチ間隔が狭いほどぬれ性はよいことを示している．

式(4.20)で示したように，2 種類以上の液体の分散成分と極性成分のわかっている既知の液体で接触角を測定し固体の分散成分と極性成分を求めるために，表 4.3 には，比較で用いた各液体の表面張力，分散成分，極性成分を表にした．さらに表 4.4 には，表面自由エネルギー解析（2 成分分析）の結果を示した．このときの測定精度は ±1 mNm^{-1} である．照射ピッチ間隔の変化と接触角の関係を図 4.41 にまとめて示した．表面積と接触角はほぼ反比例の関係にある．

c．パルス幅による違い

パルス幅による接触角の違いを見るために，波長が同じで単一パルス（single pulse）当たりのエネルギーがほぼ等しいナノ秒（ns）とピコ秒（ps）で，ピッチ間隔を 10 μm とした場合において，未照射を含めてパルス発振がピコ秒の場合とナノ秒の照射で比較した．そのときのそれぞれの液滴観察画像を水の場合で比較した例を図 4.42 に示す．その結果，ピコ秒の方がナノ秒よりはるかに接触角は小さい．ナノ秒と無照射でピッチ間隔を 10 μm とした場合では濡れ性の改善はあまり見られなかった．

第4章 代表的な微細レーザー加工　　101

液滴観察画像—3（水）

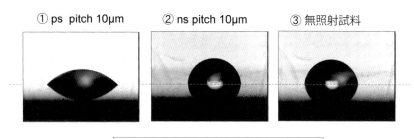

単パルスエネルギー：2.5 [μJ/pulse]
ピコ秒発進時：50 mW，15 ps，スポット径 10 μm
ナノ秒発進時：50 mW，20 ns，スポット径 10 μm

図4.42　パルス幅の違いによるレーザーによる液滴観察画像の比較（水）

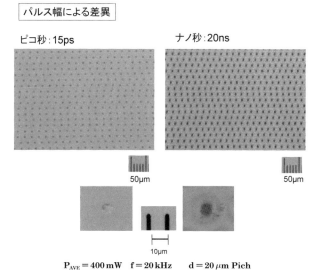

$P_{AVE} = 400\,mW$　$f = 20\,kHz$　$d = 20\,\mu m$ Pich

図4.43　パルス幅の違いによるレーザーによる照射面の比較

　平均出力が400 mWで周波数20 kHz，照射のピッチ間隔 $\Delta x = 20\,\mu m$ で，照射面での比較を図4.43に示した．パルス幅の違いはエネルギーの差でもあり穴径や深さが異なるため，目視的にも明らかに穴径はナノ秒の方が大きく全体にコントラストが強い．
　ぬれ性の改善とともに親水性を検証する目的で簡易テストを行った．固体表

102   4.3 表面機能化

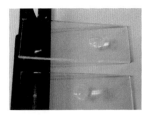

図 4.44　親水性およびぬれ性の簡易テスト（目視実験）

図 4.45　ピコ秒レーザーによる照射表面のSEM傾斜面写真

面に接触している場合，流体の界面は固体表面とある角度（接触角）をもつが，この接触角は小さいときは親水性があり，ぬれ性が強い状態を示す．実験では，照射面に実際に水を置いて，試料全体を45°傾けて設置し液滴として水 $10\,\mu l$ だけ滴下し，平均出力を変化させて，どの出力のものが流れ始めるかを調べたものを目視で観察した．その様子を図 4.44 に示した．照射ピッチは $20\,\mu m$ のものであるが，平均出力が大きい方がくぼみは大きいことからぬれ性が悪いが，未照射試料は流れ始めるのに対して，10 mW，50 mW，400 mW ともすべて

第4章 代表的な微細レーザー加工　103

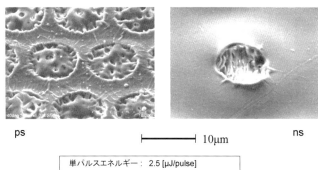

ps　　　　　　　　　　　　　　　　　　　ns

|← 10μm →|

単パルスエネルギー： 2.5 [μJ/pulse]
ピコ秒発進時：50 mW, 15ps, スポット径 10μm
ナノ秒発進時：50 mW, 20ns, スポット径 10μm

図 4.46　パルス幅の違いによるレーザーによる表面 SEM 写真による比較

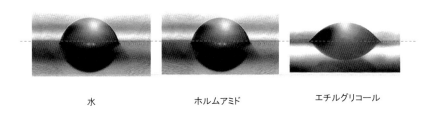

　水　　　　　　　ホルムアミド　　　　　エチルグリコール

（パルスエネルギー：P=0.1 J/cm^2，パルス幅w＝190 fs，波長 λ＝515nm）
図 4.47　試液の異なる液滴面による接触角の変化（フェムト秒レーザー照射による）

流れ出さずにその場で留まっていた．表面に凹凸を施した効果が出ていることがわかる．

　照射面を詳細に観察するために走査型電子顕微鏡（SEM）が用いられた．SEM（走査型電子顕微鏡）二次電子像（加速電圧 5 kV）で撮影した写真を図 4.45 に示す．また図 4.46 には，ピコ秒照射とナノ秒照射の電顕写真を比較した．ポリマーなど低融点材料は材料的に熱反応が非常に速い．ナノ秒による半球状の加工径は約 ϕ10 μm で深く，加工面は比較的に滑らかであるのに対して，ごく短時間のピコ秒は加工形状が皿状で加工径は約 ϕ9 μm で加工深さが浅く，加工面は荒れていて溶融と蒸散の瞬時が止まったような痕跡が見られる．

　さらに，比較のために同一材料によるフェムト秒による試験を行った．パルス幅の異なるレーザーを用いる場合は加工条件をまったく同一にはできないが，レーザースポット径：ϕ14 μm，パルスフルエンス：0.3 J/cm^2，ドットピッ

104   4.3 表面機能化

表 4.5 フェムト秒照射による試料の異なる液滴面での接触角のデータ

試料（未洗浄）	接触角（°）θ		
	水	ホルムアミド	エチレングリコール
照射間隔 ピッチ：$4\,\mu$m W $= 190\,$fs	$128.0°$	$77.3°$	$57.7°$
無照射試料 $0\,\mu$m	$82.7°$	$65.8°$	$35.2°$

(5 回測定の平均値)

表 4.6 表面自由エネルギー解析結果：2 成分分析
(供試材：ポリカーボネイト)

試　料	分散成分 γ_S^d (mNm^{-1})	極性成分 γ_S^p (mNm^{-1})	表面自由エネルギー γ_S (mNm^{-1})
照射間隔 ピッチ：$4\,\mu$m W $= 190\,$fs	90.3	18.1	108.4
無照射試料	38.1	2.1	40.3

Pulse Energy P $= 0.1\,$J/cm^2, w $= 190\,$fs, $\lambda = 515\,$nm

チおよび捜査線ピッチは $4\,\mu$m であった．レーザーは波長 515 nm，パルスエネルギーは $0.1\,$J/cm^2 でパルス幅は 190 fs で行った．試験では 3 種類の液体（水，ホルムアミド，エチレングルコール）を用いて，試料固体表面上の液体の接触角 θ をそれぞれ測定し，拡張 Fowkes の式を用いて，固体表面の自由エネルギーの成分分解（2 成分）を行った．

前例のように，図 4.47 には 3 種類の液体に対する水による液滴面の観察画像を示した．さらに表 4.5 には，試液の異なる液滴面による接触角のデータを表示した．また，図中に無照射試料の接触角の測定結果も併記した．その上で，表 4.6 には解析の結果として表面自由エネルギーの値を示した．結果として，同じ材料でもフェムト秒レーザーによるドットピッチが $4\,\mu$m という過密な照射条件では 108.4 mNm^{-1} という非常に高い値を示した．通常，ポリマーの表面自由エネルギーは通常大きくても 70 mNm^{-1} 程度であるが，本実験で得られ得た値は 100 mNm^{-1} を超える高い値が得られたが，これは試料表面にレーザー照射による無数の凹凸が存在することによる．

以上をまとめると，①ピコ秒で照射ピッチ間隔を小さく取った場合ほど接触角は小さくなる傾向を示した．同時に表面自由エネルギーも大きくなる．②ピコ秒とナノ秒の同一照射間隔での比較では，ピコ秒の方が圧倒的にぬれ性は改善される．ナノ秒の場合は，未照射（無処理）のときとほとんど差は見られない．③面のぬれ性の改善には，ピコ秒以下の短パルスでの照射処理が望まれる．レーザー照射で表面にできた無数の凹凸によってアンカー効果が生じる，などの事実が検証された．

第4章　代表的な微細レーザー加工　　105

表 4.7　レーザー表面処理の分類

分　類	特　徴	事　例
外部表面付加処理	材料表面に異種材料を層として付加（境界接合，境界面での拡散）	蒸着，箔・異種フィルムデポジション
材料表面溶融処理	同種，または異種材料間の融合による層の生成（材料自身または材料間の溶融・拡散と冷却）	合金化，パウダー添加表面硬化
内部表層変質処理	母材内部表層の形状・構造・配列を変化（波長吸収による材内変化）	表面突起生成極表層内変質処理

4.3.3　金属材料の表面機能化

（1）　表面活性化

　金属表面への短波長レーザー（特に，波長 355 nm 以下）の照射は，表面の被膜除去や汚染を取り除く効果があり，その結果として表面を活性化させることができる．処理直後に赤外領域の長波長レーザーを用いて表面溶融などを行うことで，表面の異物が溶融層に混入するのを防ぐことができる．また複合波長による処理は，前加工で行われた機械加工の小さな突起や研磨バリなどを除き，平準化する前処理の効果もある [11]．

（2）　レーザー表面処理

　レーザー表面処理は表面硬化，表面改質，表面形成により耐摩耗性や耐蝕性など材料特性を改善することにある．すなわち，新たな特性を表面に付与することも可能である．レーザーによる微細な表面加工には，大出力レーザー加工と同様に，加熱プロセス，溶融プロセス，蒸発プロセス，化学反応プロセスの種類がある．加熱プロセスでは，表面を硬化や残留応力除去が可能である．溶融プロセスは，溶融によって異なる成分を混入・付加する処理で，特定の材料の堆積層を基板表面に形成して所望の性質を確保する加工法で，優れた腐食性や耐熱性を得ることができる．蒸発プロセスには，衝撃効果や表層硬化，表面乾燥などがある．また，化学反応プロセスは，母材に蒸発粒子を堆積させる方法で，表面に薄膜層を形成することができる．

　レーザー表面処理は，材料本来の性質を維持しつつ材料の表面および表層の局部的性質をレーザーによって改善し，性質や物性値を変化させて新しい機能を表面に付与するレーザー技術を言う．これらは表面改質とも言われるが，その適用範囲が広がり必ずしも改質でないものを含むようになってきたことから，ここでは広く表面処理ということにする．レーザー表面処理技術を加工の特徴で分類を表 4.7 に示す．大きく分類すると，外部表面付加処理，材料表面溶融処理，内部表層変質処理などがある．また，レーザー表面の微細加工の特徴を図 4.48 に示した．レーザー表面微細加工は機能付加，表面粗化，表面平

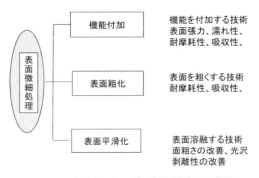

図4.48 レーザー表面微細加工の特徴

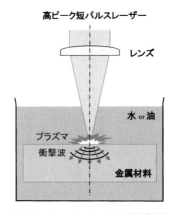

図4.49 レーザーピーニングの模式図

滑化の効果が期待できる処理が特徴である．
(3) レーザーピーニング
　表面衝撃硬化法の1つにレーザーピーニングがある[12]．従来のショットピーニングの効果をレーザーにより達成する技術であるが，原子炉の溶接部の応力腐食割れ抑制や，航空機用タービンブレードの疲労強度改善に応用されてきた．
　一方レーザーピーニングは，1990年代から研究が盛ん行われるようになった技術で，油や水中に置いた材料表面にナノ秒，ピコ秒など極短パルスのレーザー光を照射するによって発生するプラズマの衝撃波の反作用によるピーニング効果を誘発するものである．アブレーションが起こる強度の短パルスレー

ザーを照射すると金属表面でプラズマが生成されるが，水中では爆発的な膨張が抑制されるためプラズマは高圧力となって衝撃波を発生し，金属表面に伝播する．この衝撃波による応力が金属の降伏応力を超えると圧縮の応力が発生し表面が硬化することにより応力腐食割れが改善され，疲労寿命はショットピーニングの10倍以上のピーニング効果が得られている[13]．図4.49にレーザーピーニングの原理を模式図に示す．現在では重工業産業を中心に溶接構造物の疲労強度，応力腐食割れ特性の向上などのために用いられ一部実用化されている．

4.3.4　レーザー加工とトライボロジー

トライボロジー（tribology）は2つの表面の間に起こる潤滑，摩擦，摩耗の現象などの技術を扱う学問分野であるが，レーザー加工との関係で言えば，レーザーによるほとんどの表面処理加工はトライボロジーに帰着する．レーザー表面処理とトライボロジーの関係を表4.8に示す．大別すると，摩耗・摩擦の低減，潤滑油の保持，疲労強度の改善である．また，トライボロジーに応用されているレーザーの用途を含めて示す．摩耗の低減や表面強度を高める用途には比較的大出力の赤外レーザーが用いられている．代表的な加工としては表面焼入れ，合金化，肉盛などである．これらの用途には赤外レーザー，ナノ秒の高調波レーザーなどが用いられる．さらに，摩擦力の低減や疲労強度を向上させ，微細な表面周期構造の形成により摩擦の低減や焼き付け防止ができる．

表4.8　レーザー表面処理とトライボロジーへの関係

トライボロジー特性	付与される表面性状	代表的な加工	使用レーザー
摩耗の低減	高硬度化	表面焼入れ 肉盛，合金化	赤外レーザー
潤滑油の保持	油溜り	表面ディンプル 部分表面硬化	赤外レーザー ナノ秒レーザー
摩擦の低減	表面粗さの低減	レーザー研磨 微細周期構造	ナノ秒レーザー フェムト秒レーザー
疲労強度の改善	表面硬化	レーザーピーニング	極短パルスレーザー

新井武二：トライボロジスト，Vol.55，No.11，pp.17-23（2010.11）

表4.9　レーザー表面微細処理の効果

付加機能	効果
機械特性の向上	耐摩耗性，耐熱性，表面硬化
光学特性の傾斜分布	光学濃度，屈折率，透過率，吸収率
物理的性質の変化	密度，磁界・磁区の方向性，物性値，構造
化学的性質の変化	耐酸性，耐熱性，耐食性，構造・配列，硬化

これらの用途にはナノ秒レーザーやフェムト秒レーザーなどが用いられる．次に，これらに付随したレーザー表面処理の効果を表 4.9 に示す．レーザー表面処理では機械特性の向上，光学特性の傾斜分布，物理的性質の変化，化学的性質の変化，などのレーザー特有の効果が期待される．

なお，すべてが産業用に用いられているのではなく，萌芽的な研究段階のものもあるが，いくつかの具体的な事例を述べる．

4.3.5 表面ポリシング

レーザーを用いたポリシング（研磨）も紹介されている[14]．材料表面にレーザーを照射してごく表面に溶融状態の液相を形成し，凝固によって固化させる方式により新しい平滑な表面を生成する技術である．レーザー鏡面加工とも称している．一般に，機械加工された材料表面は一様ではない．多くは加工法に相応した表面が形成される．そこにレーザー光を照射することで，表面の凹凸は平準化して表面あらさを極めて小さい状態にすることができる．その結果，機械研磨されたような表面を作り出すことができることから，レーザーポリシングと称している．擬似的な研磨加工である．

レーザー研磨にはマクロ研磨とマイクロ研磨があるとされ，マクロ研磨は連続発振のレーザーが，またマイクロ研磨はパルス発振レーザーが用いられる．溶融深さはマクロ研磨では 20 〜 200 μm 程度，マイクロ研磨では 0.5 〜 5 μm が得られる．その結果，レーザー研磨は表面あらさをさらに微細化することが

a) 特殊鋼のレーザ研磨　　　　　　　b) ワイングラスのシャフト（型）

図 4.50　レーザーポリシングの例-1（写真提供：Edger Willenborg（Industrial Laser Solution 2010, Jan.））

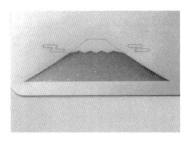 

出力 3 kW，ファイバーレーザーによる加工
富士山表面の鏡面加工は，
微小出力制御による，連続出力 80 W，
切断速度 20 m/min

図 4.51　レーザーポリシングの例-2（写真提供：FANUC ㈱（2015.4.14））

でき，通常の旋削による特殊鋼材の Ra = 5 μm であったものを Ra = 0.05 μm まで低減できるとしている．図 4.50 および図 4.51 にその一例を示す．鏡面のような加工面が得られ，ガラスの鋳型にも利用できている．

4.3.6　レーザーテクスチャリング

　レーザーにより材料表面に凹凸のあるパターンや突起構造（バンプ）を形成することをレーザーテクスチャリングと称している．形状は多種多様であり材料と波長の親和性が考慮され，波長も第 2，第 3 高調波などが用いられる．突起の高さや加工深さはマイクロオーダで，穴，矩形・菱形の窪み，格子状の模様や溝などが形成される．この他にも，規則性のある微細突起や周期構造をもった紋様を，フェムト秒レーザーで材料表面に形成する試みがなされている．超硬合金のリング状の領域にレーザーにより周期構造を形成した例を図 4.52 に示す[15]．また，レーザーによって作られる穴径は数～数十 μm と小さいことが特徴であるが，レーザーアブレーションによる微細形状やビームの強度分布を利用したレーザー表面テクスチャリング加工，ナノサイズの周期構造をもつバンプなども検討されている．

　一方，従来の高出力赤外レーザーを用いて表面を溶融させ，冷却凝固のタイミングをみながら次々と溶融金属柱を積層，あるいは堆積して表面に大きい突起を形成する試みもなされている[16]．一例を図 4.53 に示す．この方法によれば，高さが 100 μm 台であるが 1 mm 程度の突起物の生成も可能である．また，前述の，「4.4.1　石英ガラスの表面加工」で紹介したようなガラス表面加工にアルミ蒸着を施し，その上から微細なディンプル加工を施した例もレーザーテク

4.3 表面機能化

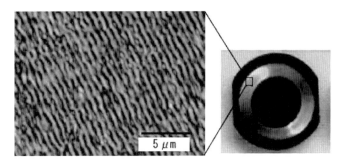

拡大写真

図 4.52 フェムト秒レーザーによる微細周期構造（出典：文献 15）

レーザーテクスチュアリング加工
（表面突起加工）

a) 複数の段階処理　　　　　b) 全面処理

図 4.53 表面突起加工（写真提供：TWI（英国接合研究所））

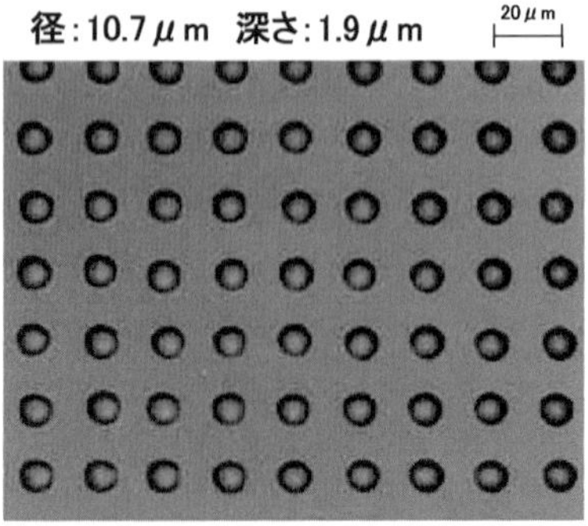

径：10.7 μm　深さ：1.9 μm　　20 μm

単パルス加工 穴間隔：20 μmピッチ, 平均出力：710mW,
波長：355nm, エネルギー：24 μJ/Pulse, レンズ：40mm

図 4.54 表面ディンプル加工（材料はアルミ蒸着した石英表面（中央大学 新井研究室資料））

スチャリングに属する（図 4.54）.

　最近では生体材料の表面に微細な穴加工を施すことも試みられている．セラミックスなどで作られた人工股関節と骨組織を結合して一体化する際に，人工股関節の摺動部にディンプルを設けることで人工股関節液を蓄え，動きを滑らかにするレーザー処理技術などがある[17]．レーザーテクスチャリングは，金属材料はもとよりセラミックス，ガラス，樹脂などほとんどの材質で可能であり，表面に均一な微小バンプ（bump：表面の凹凸）をダイレクトに形成することができる．さらに最近では人工股関節などは，形状やパターンの深さおよび幅の変化に対する自在度は大きい光積層造形技術によっても作られるようになってきた．これについては5.4 AM加工技術で触れる.

4.4　ガラス系材料の微細加工

　脆性材料の微細加工では，加工材料として特に特徴のあるガラス系材料を扱う．一般のガラスはケイ酸塩を主成分とする硬く透明な非晶質の固体材料であるが，普通ガラスの切断は CO_2 レーザーで可能であり，通常の切断方法で10 mm 以下の切断を行うことができる．CW（連続波）による加工の切断面では切断直後は透明であるが，その後，時間とともに急冷されるため表面クラックや剥離が観測される．また，パルスによる加工は，やや透明度は落ちるが断面の粗さの少ない切断が可能である.

　薄いガラス切断の場合には，特別に割断による加工が行われる．割断は材料表面にレーザー光を照射しながら走行し通過すると，ビーム通過で局部的に加熱した高温部と冷えた周辺の母材との間で熱ひずみが生じ，照射されたラインに沿って後から亀裂を伴いながら切断線が追従する．割断はこの亀裂を積極的に利用してガラスを切断する技術であるが，最初に，切断開始の部位にトリガーとなる切り欠けが必要である．また通過した後にラインに沿って若干加圧することで切り離せる場合もある．プラズマディスプレイ（PDP）のガラス基板なども，同様の方法でレーザー割断が応用されている．現在はガラスカッターなど機械的な方法と競合しているが，ガラスの厚みが現在の 0.7 mm から0.5 mm 以下に薄くなる傾向にあり機械的に力をかける限界に近いことから，レーザーによる割段にますます期待が高まっている．同様にして，シリコンウエハーの割断も可能である．これらは既に産業界で用いられているので，ここでは微細加工としてのガラス材料加工を取り上げる.

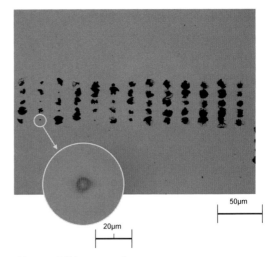

図 4.55　照射による直接加工による表面

4.4.1　石英ガラスの表面加工[20, 21]

　半導体や液晶デバイス分野の要望の高まりもあって，石英ガラスの工業的生産技術が発展し高純度の合成石英ガラス基板が製造可能となった．石英ガラスは工業的に有用な材料であり化学的にも安定であることから，石英マイクロレンズの精密な型やマイクロ流路などマイクロデバイスや生体医用工学の応用のためにガラス表面を自在に加工できることが求められるようになった．

　ガラスは透過率が高く吸光度が悪いため，ガラス加工に適していると言われる第 3 高調波の $Nd^{3+}:YVO_4$ レーザー（$\lambda = 355$ nm；パルス幅：20 ns）でも石英表面への直接加工はそれ自体が難しい．さらに加工時に発生する素材の蒸発および溶融物の飛散とその加工場近傍の表面への再付着によるデブリ（debris）対策がネックとなっている．高純度の石英材料は，材料自身がレーザー光に対する表面吸収率が非常に悪いため加工性を高めることができないなど技術的な課題が多々あり，レーザーを用いて石英ガラス表面を加工する際には，これらの問題を解決する必要がある．これらの技術的問題の解決手段として 1 つの方法を示す．

　石英ガラス表面への直接加工を行った．材料表面に焦点を合わせ，単一パルス（single pulse）でそれぞれ場所を変えて数十ショットをガラス表面に照射した場合，偶然に穴加工ができるのは 1〜2 個程度である．加工条件を同じくしても，ほとんどの照射位置ではオプティカルダメージ（optical damage）

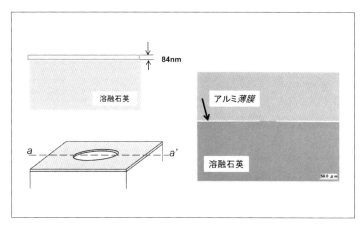

図 4.56　吸収性を改善した表面蒸着

と呼ばれるクラックや"えぐれ"が発生し，穴加工の成功の確率は非常に低く，穴加工が成立するのは現象的にランダムである（図 4.55）．ガラス表面に正確に加工を制御することは非常に難しい．石英ガラスの波長に対する内部吸収率[*]は A＝0.3〜0.4％と極めて低く，この現象は空気とガラスとの屈折率差からくる表面反射によるもので，集光の強度や角度によっては偶然に穴があくことがある．また，ランダムにあいた穴径は 8〜9 μm と極めて小さく，この場合に穴の幅や深さを自在に変化させるなどの加工量の制御はほとんどできない．ガラスの吸光を高め，かつデブリ対策を施すことを目的とし，レーザー波長に対して比較的強い吸収スペクトルをもつアルミを石英ガラス表面に蒸着し，材料の内部吸収率を A＝15％にまで高め加工性の改善を図った．それとともに，加工後に表面薄膜を化学的に処理し除去することで，不可避的に表面に付着するデブリや飛散物を取り除く試みを示す．

図 4.56 には，表面にアルミを蒸着した場合の実験模式図を示す．アルミ蒸着の膜厚は 84 nm 程度で，蒸着膜の除去される直径に比べてガラスの穴径は小さい．図 4.57 は，実際にこの方法で加工したときの断面写真を示す．アルミ蒸着面は照射により剥離しているが，表面の加工痕は目視では見当たらない．

---

[*] 内部吸収率（一般の吸収率とは異なる）は以下のように求められる．
　　内部吸収率(％)＝100－反射率(％)－透過率(％)
　また，物体を光が通った際に強度がどの程度弱まるかを示す吸光度（無次元量）は，波長 λ における吸光度 A_λ は，
　　$A_\lambda = -\log_{10}(I/I_0)$
ここで，入射光強度 I_0 と透過光強度 I である．ただし，吸収のある場合を正とするために負号を付けたものである．なお，透明体材料を含めて表面状態や不純物で誤差をもつことがあるが，その傾向を知ることができる．

114   4.4 ガラス系材料の微細加工

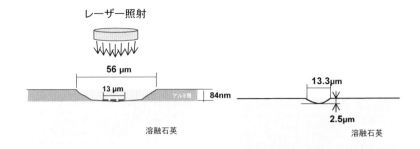

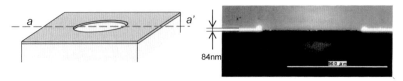

図 4.57 アルミ蒸着面にレーザー照射したときの加工断面写真

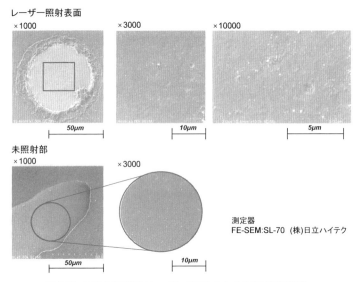

図 4.58 アルミ蒸着面にレーザー照射したときの加工表面写真

　図 4.58 は表面から照射部を見たものである．拡大すると未照射の健全な母材に比較してレーザー照射表面はやや荒れた異質な領域が形成されている．
　平均出力 7 W で焦点距離 100 mm のレンズで絞りスポット径が 25 μm で，加工シミュレーションを行った．パルスの熱源形状を変化させたシミュレー

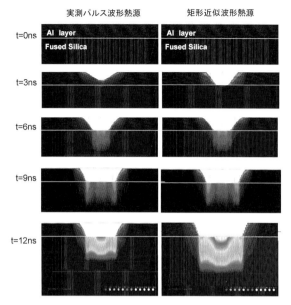

図 4.59 パルス形状を変化させた加工シミュレーション（加熱されるが加工されてはいない）

ションであるが，いずでも 12 ns でアルミの蒸着層は蒸発するが，加熱されるだけで表面は加工されてはいない．図 4.59 にその結果を示す．温度は瞬時に上昇してアルミを除去するが，ガラスに到達した瞬間から冷却される．

単一パルス発振の加工ではパルス幅の厳密な計算が必要となることは 3 章 3 節でも述べたが，一般に，単一パルス計算では半値幅でその間矩形形状のエネルギーが投入されているとした計算が多いが，実際の短いパルス発振では，パルス幅（パルス発振持続時間）の間にピークエネルギーは時々刻々変化する．その変化の過程を考慮して計算を行った．石英ガラス表面の加工では照射時にアルミ表面でプラズマの発生による発光も観測された．加工直後の断面写真からはガラス表面で明確な窪みは観察されない，20 ns という短時間で瞬時に物理的・熱的な負荷が表層にかかり，これにより局部的なダメージによる異質部が材料表面に生起されたと考えられる．

アルミの薄膜が蒸着されたガラス表面は，加工後に，試験片をフッ化水素（HF：hydrogen fluoride）に浸けてエッチング処理を行う．ダメージ面を起点に，ディップ時間（浸け置き時間）によって加工幅（直径）や深さを変化させることができる．図 4.60 には，この方法で得られた石英表面の加工の例を示す．平均出力は 1 W 前後で，焦点距離を $f = 40$ mm と短くして加工したとき，

116   4.4 ガラス系材料の微細加工

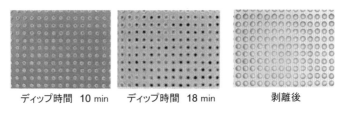

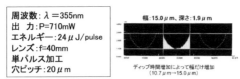

図 4.60　ディップ時間の変化と加工深さの変化

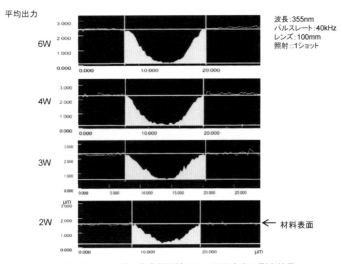

図 4.61　レーザー走査顕微鏡による深さ方向の測定結果

穴径が約 12 μm，深さが 2.5 μm の形状の揃ったディンプルが得られた．結果的に比較的に低いエネルギー密度で加工でき，表面のデブリ除去も同時に行うことができる．

　図 4.61 にはレーザー走査顕微鏡による深さ方向の測定結果の一例を示す．レーザーの平均出力を変化させた場合，穴の加工幅は 12～15 μm の範囲で変化は少ないが，深さは平均出力に比例して深くなる傾向を示す．その際の形状は制御可能な浅い半球面状となる．

　図 4.62 には一連の工程を経て得られた加工サンプルの例を示す．平均出力

第4章 代表的な微細レーザー加工　117

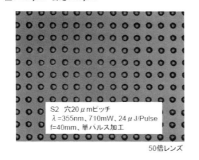

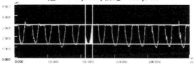

図4.62　実験で得られた表面ディンプルの加工例

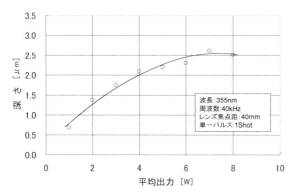

図4.63　エッチング後の平均出力に対する加工深さの関係

と加工穴径の関係は緩やか増加する比例関係にあるが，平均出力と加工深さの関係は急激に増加する関係にある．図4.63にはHFエッチング後の平均出力と加工穴深さの関係を測定結果として示す．基本的に加工穴径も加工深さも平均出力にほぼ比例する．

　表面のアルミ蒸着層は加工初期の光吸収を高める効果をもつ．加工の進行は，初め表面アルミ薄膜層が急速に加熱され蒸発するがごく短時間で終了する．その際，ガラス表面は瞬間的にアルミの蒸発温度に接するが，熱の伝導性が低く波長吸収性も悪いため，ガラス内部に影響を及ぼさず，ガラスの石英表層は局所的で微小なマイクロクラック（micro crack）を伴う異質なダメージ領域が

形成される．その後に，ダメージ領域が起点となってエッチングが進行する．表面吸収層のある場合，アブレーションはほとんど発生しないか，あってもごく微量しか発生しない．これにより石英表面に精密で制御可能な微細穴を形成することが容易となる．この方法は穴加工に限らず溝や一種の流路や回路にも利用可能である．

なお，ナノ秒以下のピコ秒（ps），フェムト秒（fs）レーザーを用いることで表面に直接穴あけ加工をできないこともない．しかし，径は非常に小さく加工量（穴径・深さ）の制御は難しい上に，現時点では加工時間が長いなど生産性や可能能率に難があり，特に，フェムト秒レーザーでの加工は代替技術のないものに対して有効である．

4.4.2 ガラスの内部加工 [19]

短パルスレーザーによるガラス内部の微細加工では，ガラスは不純物が多く混入していて等方弾性体として取り扱うことのできない不均質材料であることに加えて，内部の加工はその挙動がユニークである上に，レーザーをガラス材料内に集光して照射したときに材料内での正確な結像点を求めることが困難なために，内部加工の始まる起点がどこかが明らかではなかった．これらの問題に１つの解決を与えるために，可視化できるガラス材料を用いてガラスを用いて，内部加工時における加工の起点と加工進行の過程を，高速度カメラを使ってその詳細をみる．

レーザーはパルス幅がナノ秒で発振する $Nd^{3+}:YVO_4$ の第３高調波を用いた．単一パルス当たりパルス幅は 12.5 ns である．ビーム直下に位置した加工台に置かれた加工材料に対して，真横の方向から撮影できるようにビデオカメラが設置された．高速度ビデオカメラには島津製作所製 Hyper Vision（model：HPV-1）が用いられた．実験材料には，測定によって波長吸収特性，構成成分の明らかな BK7（bolo-silicate crown glass）を用いた．レーザーの波長 $\lambda =$ 355 nm に対して通常のガラスはほとんど透過する．しかし，BK7 は波長 $\lambda =$ 355 nm に対して，約十数％の波長吸収がある．用いた波長の近傍でスペクトル線をもつ成分や結合体があり，レーザー光に対して吸収発光が目視で確認することができるガラス材である．

（1）　レーザー光の結像

レンズを通して微弱のレーザー光をガラス内に照射すると，集光ビームに沿ってガラスは発光し，結像点では透明（写真では黒く）になり，その前後で光はさらに広がり発光することが著者らによって発見された．波長 $\lambda = 355$ nm のビームがガラス材内で集光し結像することは焦点位置であることを意味

し，可視化することができた．この位置の計算との誤差は $8\,\mu\mathrm{m}$ 以内で，ほぼ一致することが確認された．その様子を図 4.64 に写真で示す．また，計算による確認を図 4.65 に示す．レーザー光の出力をさらに上げて強力光にすると，強力な発光が起こり材内に材内変質やマイクロクラックを生起する．これがレーザー光によるガラスの内部加工である．

なお，第 3 高調波での石英の加工では，集光されたレーザービームでは，石英などの両境界（表面と裏面）では加工されにくいが，加工材内部の集光密度が集光位置では屈折率が変化するなどの何らかの加工がされる．また，材料内では非線形屈折効果による自己収束され，集光ビーム径が小さくなり 2 光子吸収過程で加工がされることもある．

(2) レーザーによるガラス屈折率変化

レーザーの入射方向と材料内の屈折変化の方向を確認するため，材料に対して単一ショット（single shot）のパルスビームを異なる 2 方向から照射する．1 つは材料に対して上方から真下に入射した場合と，もう 1 つは材料の右側の横から入射した場合について行ったところ，ともに，ビームを入射した方向に加工される（加工の進行は光入射と逆方向）．その結果，レーザーによるガラスの加工は，レーザー光が入射される方向に限られることが明らかとなった．したがって，ガラスの内部加工はレーザー光により誘起（laser induced）されるガラスの内部加工（レーザー誘起ガラス内部加工）であることが示された．図 4.66 にその様子を示す．

(3) 内部照射による屈折率変化

レーザービームが材内で集光すると，材料が非線形光学効果によって局所的にガラスの屈折率が変化する．高速度ビデオカメラによる観察を行ったところ，レーザーをガラス内部に集中照射すると，集光点でレーザーのエネルギー高密度のため容易に沸点まで高められ，その集光点の上方にプラズマプルーム（vapor plume）が形成される．さらに，ほぼ同時に少し下方のエネルギー密度が最大となる焦点位置でクラックが発生し，空洞（void）が形成される．集光点近傍のエネルギー密度の等密度線をシミュレーションで描くと，集光位置近傍で細長い楕円形状を呈している．集光位置での空洞（void）発生の形状に酷似していることがわかる（図 4.67）．

一旦，集光点近傍で内部に発生したプラズマは，熱的に空洞の領域を上方に押し上げる効果をもたらし，これにより加工は上方に進行する．一時的な屈折率変化により空洞の加工前線（processing front）では，曲面に沿って蒸発が起こり，曲面に沿ってその直下でプラズマを生じさせているものと推測される．この発生プラズマはレーザー光を吸収してさらに発熱する．発生プラズマは推

4.4 ガラス系材料の微細加工

Fused silica

発光しない

BK7
(Bolo-silicate crown glass)

微弱光によって発光する
(P≒10mW)

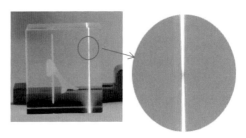

成 分	重量%	吸収スペクトル(355nm近傍)
SiO₂	99~%	Si : 354.824nm

成 分	重量%	吸収スペクトル(355nm近傍)
SiO₂	70%	Si : 354.824nm
B₂O₃	10%	B : 345.441nm
BaO	3%	Ba : 354.7767nm, 354.4713nm
K₂O	8%	K : 353.071nm
Na₂O	8%	Na : 353.301nm

図 4.64　ガラス材料内の焦点位置の確認

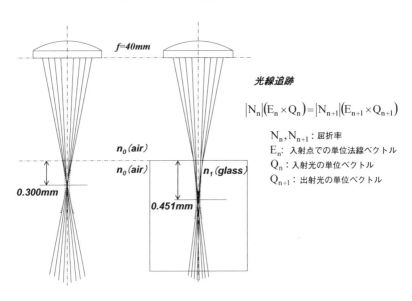

光線追跡

$$|N_n|(E_n \times Q_n) = |N_{n+1}|(E_{n+1} \times Q_{n+1})$$

N_n, N_{n+1}：屈折率
E_n：入射点での単位法線ベクトル
Q_n：入射光の単位ベクトル
Q_{n+1}：出射光の単位ベクトル

図 4.65　計算による焦点位置の確認

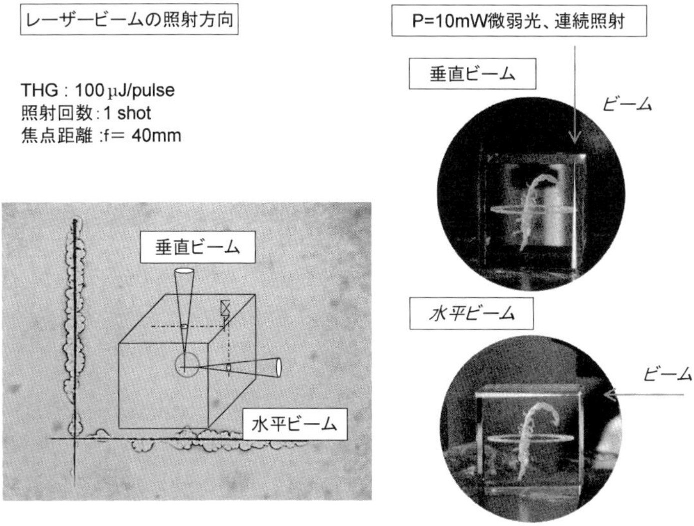

第 4 章 代表的な微細レーザー加工　　121

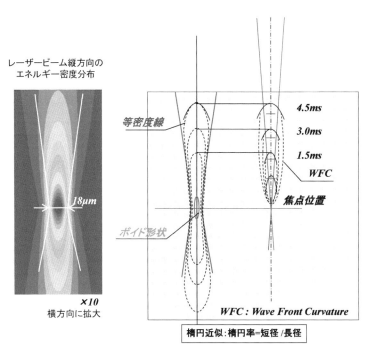

図 4.66　レーザー誘起加工とガラス材料内の焦点位置の確認

図 4.67　焦点位置のシミュレーションとボイド形状

122　4.4　ガラス系材料の微細加工

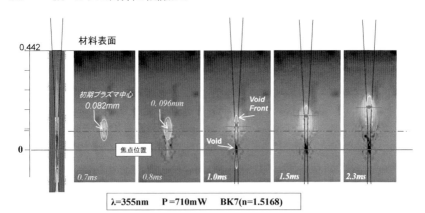

図 4.68　高速度カメラによるボイド形状の変化

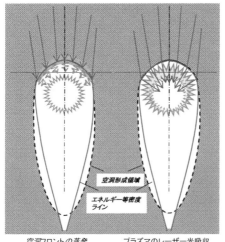

図 4.69　プラズマのエネルギー吸収機構

進力をもつために，材料内部で熱的なトリガーとなって空洞領域を上方に押し上げている．この繰り返しで，加工が上方へ進行した．また，空洞が境界に達したところでは，ガスの噴出が確認された．図 4.68 に高速度カメラによるボイド形状の変化の連続写真の抜粋を示す．

　ガラス内部に焦点を結んで集光すると，焦点近傍において，初期の段階では光イオン化によってプラズマが発生し同時に加熱・蒸発による熱の圧力波で空

第 4 章 代表的な微細レーザー加工　123

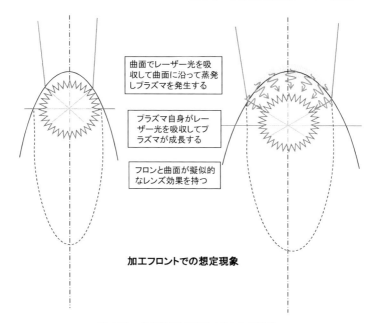

図 4.70　ボイド内の曲率によるレンズ効果

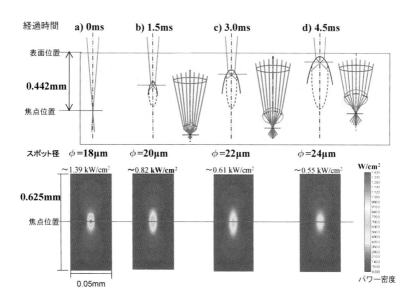

図 4.71　ボイド内のレンズ効果の試算

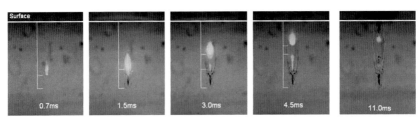

① ボイドの発生　② ボイドの発達　③ ボイドの常用　④ 内部ガスの噴出

図4.72　ボイドの上昇と境界での内部ガスの噴出

洞と先端に屈折率の変化した曲面を形成する．この空洞は，集光による焦点位置の縦方向のエネルギー密度分布に沿ったほぼ楕円状の形状をしている．レーザーによって焦点位置近傍で急激に加熱するとエネルギー密度の極めて高い集光位置からの熱プラズマによる圧力波が発生する．

　図4.69にプラズマのエネルギー吸収機構を模式的に示す．一般に考えられる吸収はレーザー電界での加速による衝突で吸収する電子の衝突吸収と，電子プラズマ振動数とレーザー振動数の一致による局所電界の発生する非線形共鳴吸収である．

　レーザーを一定時間連続的に照射する場合，集光点からの蒸発は常に継続する訳ではない．連続的に発生するプラズマはそれ自身もレーザー光を吸収するが，加工前面の空洞曲面に沿って材料がレーザー光を吸収して蒸発が起こるためと考えられる．また，空洞前面は一定の曲面をもつが，これがあたかも擬似レンズによる集光のように作用して発光する．形成される空洞前面の曲面でレーザーが作用する強度（エネルギー等密度線）が一定以上にあるときに，蒸発してプラズマが発生する．そのため，空洞先端が焦点位置から遠ざかるにつれてエネルギー密度は低下し，空洞前面における曲面部からの蒸発が少なくなったときにプラズマの発生は停止する．図4.70と図4.71には，発展した空洞内の加工フロントで想定されるボイド内の曲率によるレンズ効果を模式的に示した．空洞部が材料境界部に達すると，内部からの噴射が見られた．この噴射により，空洞内は蒸発による高圧のガスで充満していたと考えられる．図4.72に内部加工の間に進行するボイドの上昇と境界での内部ガスの噴出の連続写真を示す．これらの観測からボイド内のプラズマの上昇と移動速度を図4.73に示す．上昇とともに移動速度は鈍化する．

　以下要約すれば，ガラスの内部加工はレーザーの入射方向に沿って加工が進行するレーザー誘起加工であり，ガラスも材内における焦点位置を正確に特定することができた上に，理論上の材内焦点位置と実測による空洞（Void）発生

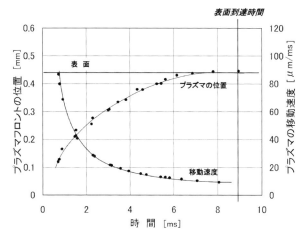

図 4.73　ボイド内のプラズマの上昇と移動速度

位置はほぼ一致する．初期のプラズマは焦点位置での蒸発による．その後は加工フロントでの蒸発により，エネルギー密度の低下で加工の進行は停止される．形成された空洞内は，材料自身の蒸発ガスに満ちている．

4.4.3　ガラスの切断加工

(1)　ガラスの切断

　ガラスの切断は一般にダイヤモンドやカーバイドホイールでスクライビングして，次に機械的な負荷をかけて曲げ，ガラスにき裂を伝搬させて切り離す方法が取られていた．ここでスクライビングとはガラス表面上層に溝状に切断，または変質層を形成していく加工をいう．しかし，最近ではより薄板化の傾向にあり，特にガラスの厚さが 1 mm 以下になると非常に壊れやすいために機械的な切断が困難になりつつある．そこで，非接触加工が可能なレーザーに注目が集まってきた．

　レーザーによるガラスの切断には，材料上部にけがきや浅い溝，またはクラックなどの変質層を生成するスクライビング法とガラスの全板厚（フルボディー）で切断する方法とがある．スクライビングは厚さが 0.3 〜 0.7 mm の範囲のガラス基板で行われ，フルボディー法は概して 0.2 mm 以下が多いようである．ただし，形状の場合にはスクライビングの後に赤外線（IR）レーザーで 2 次照射して熱膨張・収縮の自動的に割断するセルフブレイク（self-braking）法も多用されている．ソーダガラスなどの普通ガラスの場合はスクライビングの後に同一箇所へ機械的な負荷を与える加圧，熱的な負荷を与える加熱（heat

126　4.4　ガラス系材料の微細加工

割断

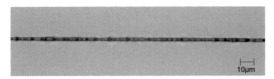

波長 λ=355nm
周波数：60kHz
出力：2.4W
f＝40mm
1Pass

図 4.74　液晶パネルのスクライビング事例

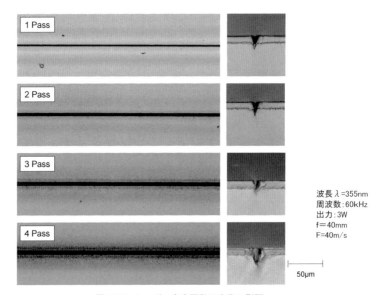

波長 λ=355nm
周波数：60kHz
出力：3W
f＝40mm
F=40m/s

図 4.75　レーザー走査回数の変化の影響

熱影響（表面）

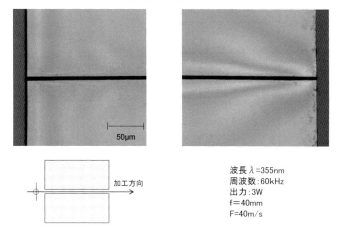

図 4.76　レーザー走査に伴う材料表面の熱影響

shock)，またはフッ酸（フッ化水素酸，hydrogen acid）の化学処理で強制分離する方法などがある．

レーザーは連続波または高繰返しの赤外レーザーが用いられるが，最近ではさらに薄い板厚 0.15 mm などのガラ出現で紫外線（UV 光）の短パルスの高調波レーザーも用いられている．

以下のいくつかのガラス系材料の切断事例を示す．

a. レーザーによる液晶パネル（borosilicate）のスクライビング[22]

板厚 0.7 mm の液晶パネルを波長 $\lambda = 355$ nm の Nd^{3+}：YVO_4 レーザーを用いてスクライビング加工を行った．液晶パネル用のガラスは通常無アルカリ性である．条件は，周波数：60 kHz で出力：2.4 W で，走行速度は 40 m/s で 1 パス（pass）である．図 4.74 にその断面を示した．スクライビングの幅は約 3 μm，深さは約 20 μm 程度である．次に図 4.75 には走査回数（number of scan）を変化させてその傾向を見た．走査回数に依存してスクライビングの幅，深さとも増大する．また，レーザー走査に伴う材料表面の熱影響を図 4.76 示した．材料表面からみた熱の影響を観察したもので，走査点から後方に向かって広がりを見せている．

b. 石英のブロックの切断[23]

石英ブロックの切断が検討された．内容は割断の手法であるが，面で分離するので割断面の全平面に渡って集光したレーザービームを並列に密着照射する．レーザービームの焦点位置では局所的に屈折率が変化するか空洞（void）

4.4 ガラス系材料の微細加工

$8 \times 50 \times 50$mm

250W CO_2レーザー使用

図 4.77　第 2 高調による石英の割断（薄板）

YAG第2高調波（λ＝532nm）

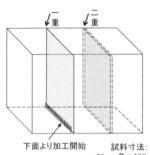
下面より加工開始　試料寸法：50mm角×100mm

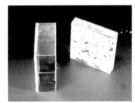

図 4.78　石英の割断方法（ブロック）

を形成されるため，照射後に自然放置して膨張と冷却の効果でこの部分が分離する．フッ化水素（FH）を染み込ませ分離する方法などもある．

図 4.77 には比較的薄い 8 mm のブロックを連続波の 250 W CO_2 レーザーで行った割断の例を示す．また，図 4.78 には Nd^{3+}:YAG の第 2 高調波レーザー（波長 $\lambda = 532$ nm），周波数 20 kHz での 50 mm ブロックの割断を示した．なお，レーザーの入射面は鏡面加工が施されていることが必要で光入射に制限がある．いずれも試験的に行った関係で，加工の最適化はなされていないが，概して分離された破断面は粗く場合によっては追加工（2 次加工）が必要である．なお，切断面の向上を望む場合は，超短パルスレーザーによる加工が望まれる．

第 4 章　代表的な微細レーザー加工　129

(2)　ガラスの割断加工

レーザー割断（スクライブ法）はレーザー移動しながら照射によりガラス表面を急速に加熱し，熱源の通過によって直後に急冷されるため，熱源後方でガラス基板表面に大きな圧縮と引張の応力が発生して切断線を形成し亀裂が生じて加工する方法である.

a.　温度場

まず，加熱するレーザーの熱源を考える. ガラス平板上を熱源が移動するモデルとしては,移動点熱源の式が適当である. 以下これについて簡単に述べる.

物体が均質で等方的であり，時間 $t = 0$ のとき，物体表面の原点 $(0, 0, 0)$ で強度が Q である瞬間点熱源が発現した場合を考える. この熱源が時間 $t = t'$ 後に，原点より x' の位置に直線的に速度 v で移動したときは次のようになる.

$$\theta = \frac{Q}{\left(2\sqrt{\pi\alpha t}\right)^3} \exp\left\{-\frac{(x-x')^2 + y^2 + z^2}{4\alpha t}\right\}$$

ここで，$Q = \varphi(t')dt'$，$x' = f(t')$，$t \to (t-t')$ に置き換えて，t' について 0 ～t まで積分して展開する. さらに熱源をガウス分布とすると

$$P(r') = \frac{2P_0}{\pi\omega^2} \exp\left(-\frac{2r'^2}{\omega^2}\right)$$

であるから，最終的に次式を得る.

$$\Theta = \theta_0 - \theta = \frac{2AP_0}{J\pi^2\omega^2\lambda} \int_0^\pi \int_0^\infty \frac{1}{R} \exp\left\{-\frac{v}{2\alpha}(R + r\cos\varphi - r'\cos\varphi') - \frac{2r'^2}{\omega^2}\right\} r'dr'd\varphi'$$

(4.26)

ただし，$R^2 = r'^2 + r^2 - 2r'\cos(\varphi - \varphi') + z^2$.

ここで，P_0 は出力，λ は波長，α は熱拡散率，ω はスポと半径，J は $P(r')$ $= J\rho cq(r')$，熱伝導率 $\lambda = \rho c\alpha$ として，吸収率を A とする.

なお式の誘導などについては筆者の別の著書を参考にされたい [24].

これにより表面に発現した点熱源が x 軸に沿って速度 v で移動する場合の材料表面の温度分布を求めることができる. ここで,式(4.26)の計算では,スポット径内は計算外とする.

なお，ガラスの割断のときに発生する弾性係数を用いた熱応力の計算などは多くの論文があるのでここでは省略する [25~27].

b.　応力場

熱応力場の計算では，熱源の移動の項を含まないために，ある任意の点を通過したときの温度分布に対して，この温度傾斜により生じる熱応力に関するものである. したがって，瞬間を固定して考えている. そのため，熱源が移動し

130   4.4 ガラス系材料の微細加工

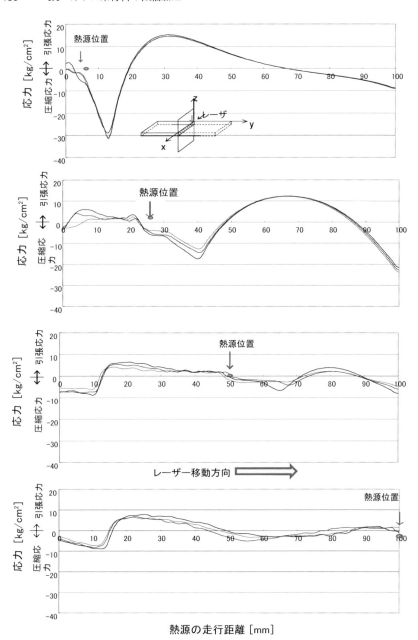

図 4.79 熱源移動に伴う走行線上の応力分布

第 4 章　代表的な微細レーザー加工　　131

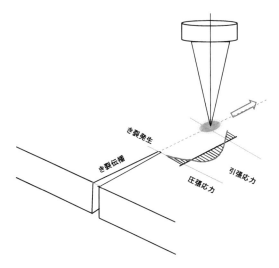

図 4.80　ガラス系材料のレーザー割断加工

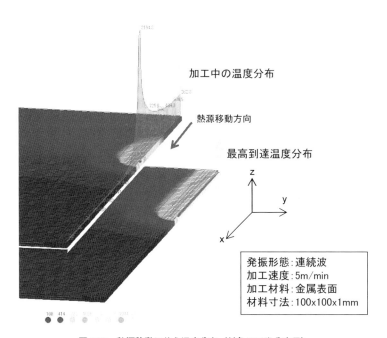

図 4.81　熱源移動に伴う温度分布（対象にで半分表示）

132 4.4 ガラス系材料の微細加工

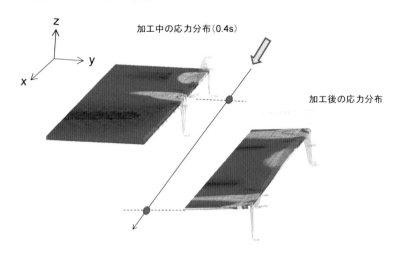

図 4.82 熱源移動に伴う応力分布（対象にで半分表示）

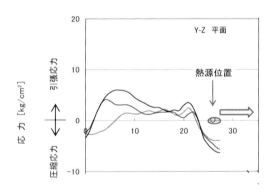

図 4.83 熱源近傍での走行方向の応力分布（き裂のない状態）

ながら応力傾向をダイナミックに求めるためにシミュレーションで行った．モデルは固体材料の平板上をレーザーの移動熱源が通過したときの応力計算の例を図 4.79 に参考のために示す[28,29]．平板の材料としては必ずしもガラスに限らないが，固体としては大小の絶対値を無視すればその傾向には共通のものがある．

図 4.80 にガラス系材料のレーザー割断加工の概略図を示す．加熱源は一定のスポット径で材料表面を通過する．これに対してき裂開始点は熱源通過した後方で発生する．同様に，シミュレーションによる加工中の温度分布を図 4.81 に示した．熱源が移動するに従って熱源近傍で最大温度を記録し，その後方で

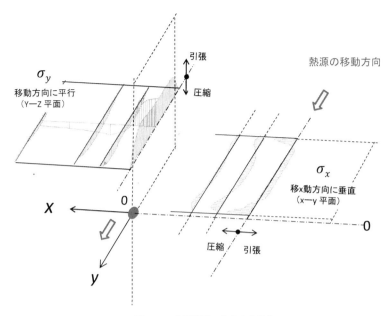

図 4.84　熱源移動に伴う応力分布

は徐々に冷却が始まる．図は熱源移動に伴う温度分布（対象にで半分表示）を表示した．また，図 4.82 は熱源の移動する平面（y-z 平面）での応力分布であるが，加工中（熱源の通過中）と加工後の応力分布を示した．ともに熱源位置での近傍では下方に圧縮法力が作用している．応力は，熱源の移動軸方向に平行となる面（y-z 平面）応力分布 σ_y と熱源の移動軸方向に垂直なる面（x-y 平面）となる応力分布 σ_x とがある．図 4.83 にはその両方を図示した．ともに，熱源近傍では圧縮応力が作用し，その後に引張り応力に転じている．この部分を詳細に示したものが図 4.84 である．長さ方向の寸法は無視して，熱源直下では圧縮で通過後に引張りに転じ，そのまた後方で冷却されて圧縮が始まる様子がわかる．

　そのメカニズムは以下の通りである．レーザー照射による瞬時の加熱で表層の加熱点中心から径方向に熱膨張するが，常温の周囲が熱的な壁となって押し戻され，材料内部は逆の径方向に圧縮応力が生じる．そのため，熱源近傍では圧縮となるが，加熱点から熱源が離れると引張り応力に転じる．熱源の通過によるその後の冷却でガラス内部・表面が急激に収縮するため，表層は大きな引張り応力を発生する．これによりガラス表面から走行線に対して垂直方向にき裂が入り，スクライブ線を形成する．なお，ガラスの端面に初期き裂（予き裂

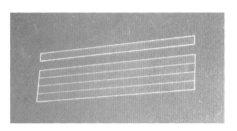

図 4.85 ソーダガラスの割断

などとも言う）を設けてき裂線を誘導することが一般的であり，さらに熱源後方で冷却流体を用いて強制的に冷却してき裂を増進させる手法も取られている．

ごく薄い普通ガラスの場合は，回転スライサーなどの工具によるチッピングや材料の欠け，熱影響，熱応力によるクラックを避けるために，加工には超短パルスレーザーが用いられている．加工の作業は，ピコ秒レーザーで輪郭切断を行うが，切断幅が $1 \sim 2\,\mu m$ と狭いため，切断面がほぼ接触していることが多い．そのため，同じ軌跡を CO_2 レーザーなどで同一箇所をなぞることによって，加熱してクラックを発生させて分離（自動割断による剥離）することができる．基本は超短パルスレーザーでのスクライビングと分離用に赤外レーザーを用いる方法は一般的である．各社は種々の方法でガラス切断を実施している．

実際にピコ秒レーザーでスクライビングを行ったソーダガラスの例を図 4.85 に示す．スクライブした線が見えている．これに軽く加圧して負荷をかけると分離される[30]．

(3) 化学強化ガラスの割断
a. レーザースクライビング

ダイヤモンドスクライバの代替としてレーザーを用いるレーザースクライビングでは，被加工材に対応して CO_2 レーザーや YAG レーザーが適用されている[24]．このレーザースクライブ法はレーザー走行照射によりガラス表面を急速に加熱し，熱源の通過によって直後に急冷されるためガラス基板表面に大きな引張応力が発生して切断線を形成し亀裂が生じて加工する方法である．一方で，開始点と終点などの加工端で亀裂進路を正確に制御できないなどの問題も指摘されている．切断の始点はエッジ部分に切りかけ（切欠部）または予き裂によってき裂をガイドするものもある．また，昨今では，加工幅を小さくする目的で短波長レーザーを用いる手法も進んでいる．

 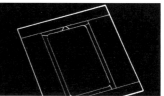

図 4.86 化学強化ガラスの高速切断風景

b. 化学強化ガラスの割断事例

軽量化の必要から薄いガラスの需要が増大した．それと同時に，脆さを克服するための強度に対する要求も高まり強化ガラスが開発された．メーカによって名称は異なるが，一般には化学強化ガラスとして分類される．その厚みは従来 0.7 mm 程度であり，現在では 0.5 mm まで薄板化が進んでいるが，将来はそれ以下になる可能性が高いとされている．

スマートフォンなどのモバイル機器では，ガラスの表面強度を必要とする．しかし，表面にキズがつかないと期待されたサファイヤはコストの問題で現在のところ行われていないようであるが，代わって強化ガラスが需要を伸ばしている．スマートフォンなどでの化学強化ガラスなどは，ますます薄い方向へ進んでおり，将来は 0.5 mm を切る可能性があるが，この薄い材料に対しては，物理的な負荷を与える工具による機械加工から，無接触加工のレーザー切断加工への転換が行われている．

一般のスマートフォン用などの化学強化ガラスの場合は，ピコ秒レーザーなどを用いてスクライビングを行う．また，特殊なレンズによる切断方法も開発されている．例えば，回折格子状の特殊なレンズを使用した例では，エネルギー密度の均一なピコ秒レーザー（波長 $\lambda = 1,030$ nm，パルス幅 $\tau = 8$ ps，パルスエネルギー $p = 250\,\mu$J）を用い，特殊レンズを通過したレーザービームは深さ方向に板全域でビーム焦点が深さ方向に一定幅で万遍なく結像するように設計されている[3]．スマートフォン用の化学強化ガラスは，周波数が 20 kHz を用

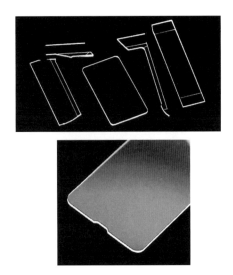

図 4.87 スマートフォン用化学強化ガラスの加工

いて1mmの範囲で板厚方向にほぼ5μmピッチで焦点を結ぶようにし，板厚 0.5mmの全域で内部変質層を発生させる．このようなビームは疑似的にほぼ貫通状態となるが，材料の切断方向に進行し移動すると，発振周波数は 20kHzと高めのため，ほぼ連続切断のような状態でビーム移動ができる．その加工の風景を図 4.86 に示す[31]．

化学強化ガラスは，ガラス表面の化学的な処理によってガラスの表面を強化したものであるが，ガラスの表面に圧縮応力を発生させてガラスの強度をもたせるガラスで，表面・裏面には圧縮応力層，中間層には引張応力が作用しバランスされている．その上面の圧縮応力層にレーザーを照射すると，局所的に引張り応力が生じ，その直後に強力な圧縮応力が加わる．その結果，ガラスは内部応力によって自己分離（self-release）される．すなわち，加工後にそのまま放置すると表面近傍で膨張・圧縮の発生応力で自然に割断される．これはごく薄板ガラスの切断加工は基本的に内部応力による割断である．その例を図 4.87 に示す．輪郭加工の速度は 30 m/min 程度に達するとし，かなりの高速加工である[31,32]．

4.4.4 ガラスの吸収率と反射率

(1) ガラスの吸収率

通常のガラスは明確な屈折率の境界を内部に含んでいない．そのため内部反

射は存在しない．内部において光透過を遮るものが散乱か吸収ということになる．したがって，ガラスでは表面反射と内部散乱を除いた光減衰率が吸収率に相当する（p.113 の脚注＊を参照）．

　ガラスの吸収率は赤外レーザーでは一般に，一般に結合成分（SiO，BO_3 などの酸化物）によるとされている．すなわち，ガラスの赤外吸収は SiO_4 や BO_3 などのガラスを構成するユニットの分子の振動準位間の遷移に基づくもので，この振動準位はガラスを構成する原子や結合の種類や強さにより異なる．ただし，可視領域にて透明なガラス（光学ガラスなど）では散乱による光減衰は表面反射量に比べて無視できる程度なので，ガラスの吸収率は，表面反射を除いた内部での散乱や吸収も含んだ光減衰率を測定したものを指す．なお，酸化物を含まない赤外で透明なガラスとしてフッ化物ガラスやカルコゲナイドガラスなどもある．一方，紫外線レーザー（UV 光）でのガラスの吸収率は，電子遷移によるとされている．

(2)　ガラスの反射率

　ガラスの表面反射は，自由電子をもつ金属とは異なり，空気とガラスとの屈折率差によってのみ決まる反射のことを一般的には指す．したがって，表面の反射率はガラスの屈折率が大きいほど大きいことになる．表面反射はエネルギーロスとなり，内部吸収率をのみを見ればよいことになり，表面反射は内部屈折率の差に相当する．

参考文献
1) 新井武二：レーザ加工の基礎工学（改訂版），丸善出版，pp.569-574（2013）
2) Goldstein: Proc. of London Math.Soc.(2)xxxiv, pp.58（1932）
3) 渡辺亮治・相馬純吉共訳：L. H. Van Vlack：材料科学要論，アグネ（1964）
4) 新井武二：高出力レーザプロセス技術，マシニスト出版，pp.97（2004）
5) H. S. Calslaw & J. C. Jaeger: Heat Conductions in Solids, 2nd ed, Oxford Vniv, Press, pp.267（1959）
6) W. W. Duley: CO_2 Lasers Effects and Applications, Academic Press pp.259（1976）
7) Takeji ARAI: Dynamic phenomena in laser processing. —The Generation of the Surface Heat-Spot in the Sheet High-Speed Cutting with the Fiber Laser and Change of the Heating Domain—Defect and Diffusion Forum, Vol. 370, pp.52-67, 2016（2017）
8) 筏義人，松永忠与：日本接着協会誌，15(3)，pp.91-101（1979）
9) Takeji ARAI and Akihiko Minami: Surface Functionalization of Polymeric Materials Using Short-pulsed Lasers—Improvement of SurfaceWettability of Polycarbonate—SOP TRANSACTIONS ON APPLIED PHYSICS, ISSN(Print): 2372-6229 ISSN （Online): 2372-6237 In Press（2015）
10) 新井武二：レーザ加工の現状と将来，砥粒加工学会誌，49-4, p.179（2005）
11) 機械システム振興協会主催：「産業用次世代レーザ応用・開発に関する調査研究」ワークショップ資料―局所表面改質 WG―（2009）
12) 向井成彦：レーザピーニングによる表面改質とその実用化，平成 21 年度中部大学生産技術開発センターシンポジウム，講演資料 3（2009）

13）杳名宗春：レーザビーニング技術とその応用，第 33 回レーザ協会セミナー，No33-9（2009）
14）Edgar Willenborg：レーザ照射による金属の研磨，Industrial Laser Solutions Japan，Jan.22（2010）
15）沢田博司：フェムト秒レーザによる機能表面の創世，精密工学会誌，72-8，p.195（2006）
16）Graham Wylde: Recent Developments in Laser Processing at TWI，第32回レーザ協会セミナー，No.32-9（2008）
17）例えば，笹田直ほか：バイオトライボロジー（関節の摩耗と潤滑），産業図書（1988）
18）T. ARAI, N. ASANO: Micro-Fabrication on Surface Treatment of Transparent Body Material, FLAMN-10 PS2-04（2010）
19）Takeji ARAI, Noritaka ASANO, Akihiko MINAMI, Hideaki Kusano: ICALEO2008 Conference Proceedings, pp.408-414（2008）
20）新井武二，浅野哲崇，後藤浩之，植田真一：透明体材料の表面微細加工，2011 年精密工学会春季大会学実講演会論文集，B68，pp.147-148（2011）
21）Tekeji ARAI: Micro-Fabrication on Surface of Transparent Solid Materials by Nanosecond Laser. Journal of Materials Science and Engineering B2(8)(2012) pp.471-481
22）中央大学新井研究室研究資料
23）中央大学新井研究室研究資料
24）新井武二：レーザ加工の基礎工学（改訂版），丸善出版，p.389（2017）
25）福世文嗣：ステルスダイシング技術とその応用，レーザ加工学会，Vol.12，No.1，pp.17-23（2005）
26）宮下幸雄，武藤睦治：熱応力解析に基づくき裂進展制御によるぜい性材料のレーザ割断，レーザ加工学会，Vol.13，No.2，pp.105-110（2006）
27）今井康文，平田勝久，高瀬徹：き裂面加熱による平板中のき裂の開口，日本機械学会論文講演論文集(A編)，57 巻 544 号，p.39-44（1991）
28）浅野哲崇，新井武二，及川昌志，岩木俊一：薄板レーザ溶接の熱変形に関する研究（第 1 報），2007 年度精密工学会秋季大会，連続移動熱源による平板変位場のシミュレーション，学術講演論文集，M67，pp.983（2007）
29）Takeji ARAI: The laser Butt welding Simulation of the Thin Sheet Metal Materials with Complex Behaviour, Modeling Simulation, Testing and Applications Springer-Verlag Berlin Heidenberg: pp.279-296（2010）
30）中央大学新井研究室研究資料
31）中村洋介：高出力ディスクレーザーの最新アプリケーション（リサーチ＆アナリシス），オプトニュース，光産業技術進行協会，Vol.12，No.1（2017）
32）M. Kumkar, M. Kaiser; J/Kleiner; D. Grossmann,; D. Flamm; K. Bergner; S. Nolte: Ultrafast laser processing of transparent materials supported by in-situ diagnostics. Proc.SPIE 9735. Laser Applications in Microelectronics and optoelectronics Manufacturing.（LAMON）XX1，97350P（March,14,2016; doi:10.1117/12.2209507（Daniel Flamm, et.al.:Higher-order Bessel-like Beams for Optimized Ultrafast Processing of Transparent Materials）

第5章

精密微細レーザー加工の実際

5.1　赤外レーザーによる各種の精密微細加工
───────────────────**140**

　5.1.1　CO_2 レーザーによる微細加工────140

　5.1.2　1μm 帯レーザーによる微細加工──142

5.2　精密微細加工の産業応用─────**145**

5.3　AM 加工技術──────────**148**

　5.3.1　AM 加工とは─────────148

　5.3.2　レーザー光積層造形技術の種類───148

　5.3.3　AM 法の現状────────150

　5.3.4　AM の加工事例────────155

140   5.1 赤外レーザーによる各種の精密微細加工

レーザーによる微細加工は，一般には短パルス・短波長レーザーによる加工を指すことが多い．しかし，微細加工は短パルス・短波長レーザーで行うものに限ってはいない．微細の範囲には限界があるが，従来の中出力の赤外レーザーなどによる加工で条件を絞ることで結果的にかなり精密で緻密な加工を行うことができる．ここでは赤外レーザーによる微細加工を区別のために精密微細加工と称することにする．

材料には薄板・極薄板を用いて切断幅（0.1 mm 台）や桟幅（0.2 mm 台）のサブミリメートルの加工が可能であるが，赤外レーザーを用いる関係でそれ以下に小さく微細に加工することは現在のところできない．しかし，それでも赤外レーザーを用いる加工としてはかなりの微細に属することから，新たにこの章で扱うことにする．使用レーザーは CO_2 レーザー，YAG レーザー，ファイバーレーザーなどであり，対象とする板厚はすべて 1 mm 以下である．

5.1　赤外レーザーによる各種の精密微細加工

加工装置として CO_2 レーザーなど赤外レーザーの類はどちらかというと大型加工機に属する．一般に厚板板金加工を対象にして発展してきた．この加工機にして 1 mm 以下のサブミリの加工を行うのは精密微細加工と言える．加工精度はサブミリであり，すべてコンマ数 mm 台である．その意味で，赤外レーザーによる精密微細加工用の材料は薄板が対象である．また，加工に対して出力は抑え気味で，モード純化（single mode 化）のうえスポット径を小さく，サイドローブのカットなど微細が可能なように工夫がなされている．精度を出すために，ノズルと材料間のギャップ（nozzle gap または work distance）をコンマ数 mm と短く取り，できるだけ高ピークのパルス発振のうえ，加工速度は従来の板金加工に較べて比較的低速である．以下の事例の多くは，加工機メーカのご協力の下で引用する．

5.1.1　CO_2 レーザーによる微細加工

まず，ステンレス（SUS304）の板厚 0.1 mm でスリットを加工して例を図 5.1 に示す[1]．加工条件は，レーザー平均出力は 250 W で，周波数 20 Hz，デューティー 25 % のスラブ型 CO_2 パルスレーザーで，アシストガスは Air，または N_2 でガス圧 0.8 MPa で，切断速度は 0.9 m/min で加工している．このときのノズルギャップは 0.3 mm であった．このような条件下ではピッチが 0.2 mm でカーフ幅は 0.08 mm を得ている．同様のレーザーで，材料の異なるものとして図 5.2 の a）には板厚 0.5 mm のリン青銅の微細加工を示した．切断速度は 0.9 m/min で周波数 20 Hz，デューティー 25 %，アシストガスは Air

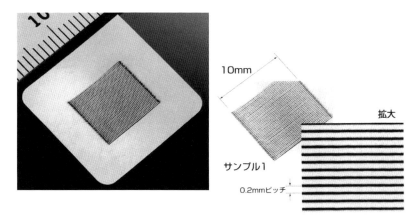

図 5.1 CO_2 レーザーによるスリット加工（写真提供：㈱アマダ）

a) リン青銅の微細加工
（板厚 t = 0.5 mm 直径 φ = 20 mm）

加工時間：5 分 15 秒

b) ケイ素鋼板の微細加工
（板厚 t = 0.35 mm 直径 φ = 70 mm）

加工時間：3 分 06 秒

図 5.2 CO_2 レーザーによる各材料の精密加工例（写真提供：㈱アマダ）

または N_2，ガス圧は 0.8 MPa で，材料の外径寸法は約 φ20 mm で加工時間は 5 分 15 秒である．また，図 5.2 の b) には板厚 0.35 mm のケイ素鋼板では，同じく平均出力は 250 W，周波数 20 Hz，デューティー 10％，アシストガスは Air または N_2 で，ガス圧は 0.55 MPa，材料の外径寸法 φ70 mm で切断速度は 1.4 m/min で加工時間は 3 分 06 秒である．

ステンレス系材料に例を図 5.3 に示す．基本的にパルス発振の CO_2 レーザーである．図 5.3 の a) には板厚 0.1 mm の SUS304 の微細な加工を示した．平均出力 80 W，周波数 100 Hz，デューティー 10％で，アシストガスは Air，ガ

142   5.1 赤外レーザーによる各種の精密微細加工

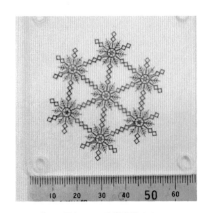
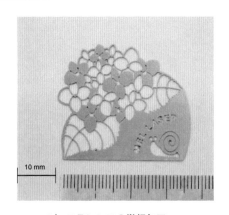

a) ステンレスの微細加工
SUS304　板厚：0.1 mm,
出力：80 W, 100 Hz, 10%
アシストガス：Air　0.9 MPa
切断速度：500 mm/min

b) ステンレスの微細加工
SUS304　板厚：0.2 mm,
出力：200 W, 80 Hz, 15%
アシストガス：N_2　0.9 MPa
切断速度：300 mm/min

図 5.3　CO_2 レーザーによるステンレス系材料の精密加工例（最小桟幅 0.2 mm）（写真提供：三菱電機㈱）

表 5.1　微細加工機による限界加工板厚

材　質	JIS 表示	アシストガス	加工限界板厚
鋼　材	SPC	酸素	～2.0 mm
	SECC	酸素	～2.0 mm
ステンレス	SUS 304	酸素	～2.0 mm
		Air	～1.0 mm
		窒素	～1.0 mm
アルミ	A5052	窒素／Air	～0.5 mm
	A1050		～0.5 mm

最大平均出力　250 W

ス圧は 0.9 MPa で，切断速度は 0.5 m/min である．また，b) には板厚 0.2 mm の SUS304 の微細な加工を示した．平均出力 200 W，周波数 100 Hz，デューティー 10% で，アシストガスは N_2，ガス圧力は 0.8 MPa で切断速度 0.5 m/min であった．このときの最小の桟幅（残し幅）は 0.2 mm を得ている．なお，参考データとして，精密微細加工におけるパルス切断での平均出力 250 W の加工板厚の限界を表 5.1 にデータで示した．

5.1.2　1 μm 帯レーザーによる微細加工

YAG レーザー（波長 λ = 1.064）およびファイバーレーザー（例えば，波長

第 5 章　精密微細レーザー加工の実際　　143

材料：Cu　板厚：0.3 mm
平均出力：30 W
周波数 500 Hz，デューティー 5%
加工速度：300 mm/min
Assist Gas：O_2,　0.8 MPa

材料：SUS304　板厚：0.2 mm
平均出力：13 W
周波数 500 Hz，デューティー 5%
加工速度：300 mm/min
Assist Gas：N_2,　1.0 MPa

図 5.4　ファイバーレーザーによる薄板の精密微細加工例-1（Cu および SUS304）（写真提供：㈱フジクラ）

$\lambda = 1.070$) は発振波長が $1\,\mu m$ 帯で，加工の結果は類似している．そのため，ここでは両方を $1\,\mu m$ 帯レーザーとして扱う．

　500 W シングルファイバーレーザーによる板厚 0.3 mm の銅材（Cu）と板厚 0.2 mm のステンレス（SUS304）を図 5.4 に示す．ファイバーレーザーはパルス変調で，銅材はパルス幅 $100\,\mu s$，変調平均出力は 30 W で，レーザー出射間隔 $10\,\mu m$，アシストガスは酸素（O_2）でガス圧は 0.8 MPa，で加工している．また，ステンレスは，パルス幅 $40\,\mu s$，変調平均出力は 12 W で，レーザー出射間隔 $10\,\mu m$ で加工している．ステンレスのアシストガスが N_2 でガス圧は 1.0 MPa であり，ともに切断速度は 0.3 m/min であった．この加工時間もともに約 30 分であった．

　さらに，出力 400 W の CW ファイバーレーザーで板厚 0.2 mm のステンレス（SUS304）の微細加工の例を図 5.5 に示す．ファイバーレーザーはパルス変調でパルス幅 $50\,\mu s$，設定（ピーク）出力 45 W，レーザー出射間隔 $10\,\mu m$ で加工している．アシストガスは酸素であるが，細かい羽根までを精密に加工している．この加工時間は 12 min であった．また，銅の微細加工例を図 5.6 に示す．板厚は 0.2 mm で，ファイバーレーザーは同様にパルス変調でパルス幅 $75\,\mu s$，設定（ピーク）出力 400 W，レーザー出射間隔 $10\,\mu m$ で加工してい

144   5.1　赤外レーザーによる各種の精密微細加工

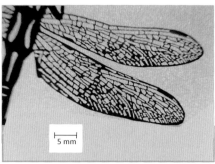
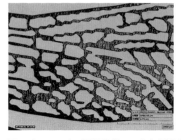

図5.5　ファイバーレーザーによる薄板の精密微細加工例-2（SUS304）（写真提供：日本車輌製造㈱）

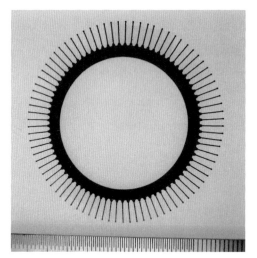

純銅　t＝0.2mm

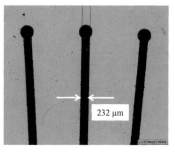

図5.6　ファイバーレーザーによる薄板の精密微細加工例-3（Cu：0.2mm）（写真提供：日本車輌製造㈱）

る．アシストガスは酸素で圧力は 0.8 MPa であるが，焦点距離 100 mm のレンズで加工している．放射状に広がる針状の細い加工桟幅は 232 μm で加工されている．加工時間は 50 秒であった．

5.2 精密微細加工の産業応用

　ここで，実際の工業製品への適応例を示す．加工対象は液晶パネル[5]で，材料は SUS304 で板厚は 0.15 mm，レーザーは平均出力 250 W のパルス発振で，周波数 20 Hz，デューティー 7％である．ガス圧力は 0.6 MPa，ガスの種類は Air または N_2 を用いた．ノズルギャップは 0.3 mm と接近させている．パネルは約 60×35 mm の平板で，随所に微細な加工が施されている（図 5.7）．また，図 5.8 にはこの全体図の各微細加工の部位を拡大して示す．最小の残り桟幅は 0.1 mm，最小穴径は 0.3 mm を実現している．同様に，図 5.9 には板厚 0.2 mm の真鍮とアルミのパネルフレームの加工例を示す．ともにパルス発振で，周波数 15 Hz，デューティー 25％である．ガス圧力は 0.7 MPa，ガスの種類は Air または N_2 を用いた．

　医療応用としてはステント（医療における血管や器官の内径を固定維持するための金属の管）の加工にレーザーが利用されている．素材はステンレス（SUS304）で板厚が 0.5 mm で，加工穴径は 0.3 mm である．YAG レーザーによるステント加工の実施例を図 5.10 に示す．この分野は既に多くの実績を

図 5.7　液晶パネルフレームの全体図（SUS304：0.15 mm）（写真提供：㈱アマダ）

146   5.2 精密微細加工の産業応用

液晶パネルフレーム：拡大箇所　　　　SUS t=0.15　エアーカット

特殊ギアー形状　（SUS304 t=0.15mm）

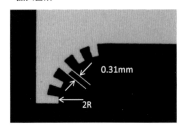

拡大箇所

平均速度：1m/min
平均出力：250W
周波数：20Hz
デューティー：7%
ガス圧：0.6MPa
ガス種　Air or N_2
ノズルギャップ0.3

拡大箇所

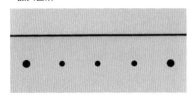

最小穴径　0.3mm

残り桟幅　0.1mm

図 5.8　液晶パネルフレームの微細加工部位の拡大

真鍮 0.2mm   A5052　0.2mm

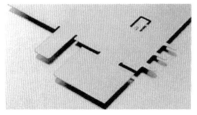   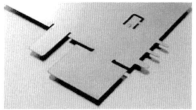

出力 250W   出力 250W
速度F1000   速度F1000
周波数15Hz   周波数15Hz
デューティー25%   デューティー25%
ガス圧0.7MPa   ガス圧0.7MPa
ガス種Air or N_2 ガス種Air or N_2
ノズルギャップ0.3   ノズルギャップ0.3
加工時間：1分35秒   加工時間：1分30秒

図 5.9　真鍮と明見のパネルフレームの微細加工（CO_2パルスレーザー）（写真提供：㈱アマダ）

第 5 章　精密微細レーザー加工の実際　　147

 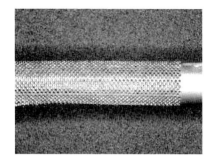

ステント：加工穴半径 0.3 mm:　　t=50μm
波長λ＝1,064nm
出力＝数W (パルス発振)
材質：SUS304

図 5.10　YAG レーザーによるステントの微細加工の例（写真提供：㈱レーザックス）

　　　　(a) 伸縮機構　　　　　　　　　　(b) 拡大図

図 5.11　ファイバーレーザーによる精密な円筒微細加工（写真提供：シチズマシナリー㈱）

積んでいる．
　また，工作機械にファイバーレーザーが組み込まれた複合加工の例を示す．従来の切削加工ではできなかった薄肉のフック状加工をチャックに取り付けたままレーザー加工実現した例を示す．出力は 400 W でスポット径を $\phi 20\,\mu m$ に絞り，SUS304 の長さ 45 mm，直径 9 mm，肉厚 0.5 mm の円筒形状で回転させながら微細な加工を施したもので，外れることなく伸縮が可能な軸状のフック加工を実現している．加工速度は F300〜400 mm/min である．その例を図 5.11 に示す．
　このような加工は他の方法では難しく，加工時間はかかるものの，これを凌ぐ加工法がほとんどないのが現状である．赤外レーザーによる精密微細加工はここまで進んでいる．なお，単なる写真集で終わることのないように，メーカ

の協力を得て加工条件は詳細に記述をした．ただし，さらなる改良や最適化は今後も続くものと思われる．

5.3 AM加工技術

5.3.1 AM加工とは

　AM（Additive Manufacturing）技術が2013年の米国オバマ大統領の一般教書を境に注目を浴びるようになった．これはいわゆる"3Dプリンティング"技術で，正確には光造形または光積層造形と言われる技術である．従来の機械加工が刃物や切削工具で材料を削り取る「除去加工」と，材料に外力与えて変形させる「成形加工」であったのに対して，AM（付加製造）技術は，粉末材料を熱で固めて積層し「付加」していくことで立体構造物を作製する技術手法である．これは，かつてラピッドプロトタイピング（rapid prototyping）と言われていた技術が発展し，プラスチック材料中心から金属材料を取り込んだもので，この原型となる技術は1980年代には存在していた[1]．

　最近ではCADなどのコンピュータ図形の3次元モデルからそれぞれの位置で細かく平面で切り出したスライスデータ（立体物をそれぞれの位置で輪切りにした平面データ）を作成し，AM工法を用いて立体を造形するプロセスに発展しアディティブマニュファクチャリング（AM）と称されるようになった．

5.3.2 レーザー光積層造形技術の種類

　レーザーを用いた光積層造形装置（AM装置）には，（ⅰ）貯められた液状の光硬化性樹脂モノマーをレーザー光によって選択的に硬化させる紫外線（UV）

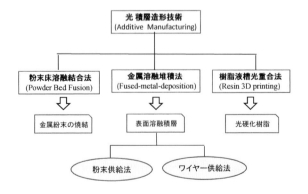

図5.12　レーザーに関連した光積層造形技術の分類

レーザーなどによる液槽光重合，（ⅱ）粉末を敷いた領域を赤外レーザーなどの熱によって選択的に溶融結合させる粉末床溶融結合，（ⅲ）ノズル先端から金属粉末を吐出しながら，同時にファイバーレーザーなどを照射して金属を溶融凝固させる「指向性エネルギー堆積加工」などがある．この「指向性エネルギー堆積加工」は，通常はレーザー・デポジション（laser deposition）と呼ばれるものである．なかんずく金属材料（粉末）の光積層造形としては，（ⅱ）の粉末床溶融結合法と（ⅲ）のレーザー・デポジション法がもっぱら用いられる．その関係を図5.12に示す[2]．なお，金属溶融堆積法には粉末供給法とワイヤー供給法がある．

光積層造形に用いるレーザーは金属粉末を溶融する必要から赤外レーザーが多いが，AM装置は，粉末をふるいにかけて選別する装置，乾燥流体（エアーなど）による粉末の自動供給などからなり，自動回収など一連の作業が自動で行われるようになっている．

金属粉末には，鋼材では，マルエージング鋼，SUS630などの他に，ニッケル合金：インコネル718，アルミ合金：Al-Si-10Mg，チタン合金：Ti-6Al-4V，コバルト合金：Co-Cr-Mo合金，ニッケル合金：インコネル718などが用いられている．粉末粒径は，一般に鉄系およびNi系粉末の粒度は$\phi 30 \sim$

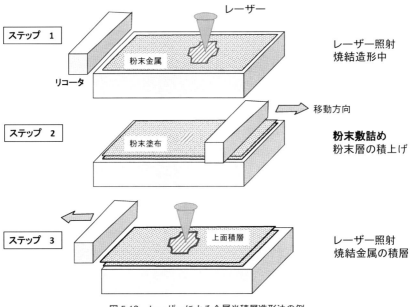

図5.13　レーザーによる金属光積層造形法の例

150   5.3 AM加工技術

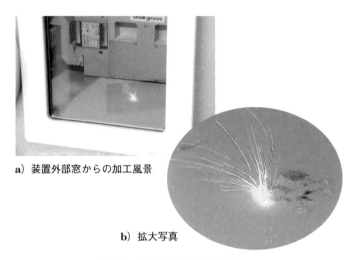

a) 装置外部窓からの加工風景

b) 拡大写真

図 5.14　光積層造形加工中の様子

45 μm（平均 φ30 μm）で，Ti および Al 系における粉末の粒径は φ20 〜 60 μm（平均 φ40 〜 50 μm）である．現在の AM 法にはレーザー溶融法（SLM：selective laser melting）法とレーザー焼結法（SLS：selective laser sintering）とがある．

レーザー照射で金属を溶融・焼結した後には，金属粉末をテーブルベッドに敷き詰める動作はリコータによる片側移動でその都度一層ずつ行う．また，加工が可能な製品ワークの高さも 500 mm 角以上のものが実現している．金属粉末床溶融による AM 法の概略図を図 5.13 に示す．また，実際の加工中の風景を図 5.14 に示した．金属粉末が敷き詰められた

粉末床上の所定の箇所にレーザー光が照射され，金属粉末（powder）は瞬時に溶融・凝固されていく形状を造形していく様子が見える．

5.3.3　AM 法の現状

従来法では機械装置の部品設計図に基づいて機械的な工具（tool）で完成製品の各部のパーツを個々に製作し，最終的に溶接やボルトなどの締結部材で結合して組み立てる工法を取る．これに対して，AM 技術による加工では，内部形状が複雑な場合でも平面のスライスデータ（slice data）を積み重ねていき，立体形状を創成するもので，下面から始めて一体加工が可能となる．すなわち，部品点数の多い製品を 1 つの部品として集約が可能である．そのため，製作に困難を極めた複雑な製品の加工も平面を積層することで容易に製作できる．

粗密AM 「試料―1」

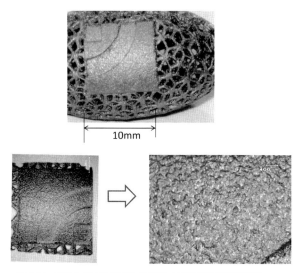

図 5.15　粗仕上げ AM 加工の加工例（台湾工業技術研究院）

この技術はバイトなどの工具や刃物により不要な部分を除去してきた従来法に対して，必要な部分を付加していく新しい形状創成法である．

(1) 粗仕上げ AM

　プロトタイプなどで形状の概略で知りたいとき，または外観の見てくれや精度を要しない立体構造物の製作の場合には，表面性状や精度はあまり必要ではなく面が粗い粗仕上げ AM で十分に機能することがある．このような場合はパウダーの平均粒径は比較的大きい．レーザー溶融法（SLM）の場合は材料表面が相対的に粗く，積層された内部の部位がほぼ溶融するので粒径などの形状は明確には確認されない．粗仕上げ AM 加工の加工例を図 5.15 に示した[3]．中が空洞で外周が細かい網目模様ができている．

　粗仕上げ AM の一層当たりの厚みは 50 〜 60 μm であることが多く，精密に厳選された条件下での粉末溶融を伴う SLM 法では，粉末は溶融して周囲と溶け合うために，密度充填率（密度，充填率），は 90%以上を達成することが可能とされ，シリコン系のアルミ合金鋳物の AlSi10Mg による例では，1 kW のレーザーを用いて 99.5%を上回る密度を達した報告もある[4]．その研究結果の一部を図 5.16 に SLM 法によるアルミ材の断面の密度充填率の変化を示した．溶融を伴う SLM 法では，出力が大きいほど，スキャン速度が遅いほど，十分

152   5.3 AM加工技術

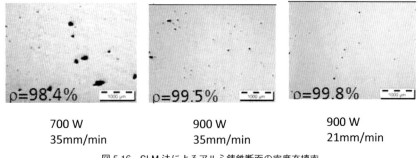

700 W
35mm/min

900 W
35mm/min

900 W
21mm/min

図5.16　SLM法によるアルミ鋳鉄断面の密度充填率

粗密AM加工
断面マクロ組織

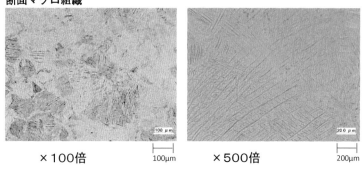

×100倍

×500倍

図5.17　粗仕上げAM加工の断面ミクロ組織

に溶融され密度充填率は高まることが示された．図5.17には，粗仕上げAM加工の金属溶融断面のマクロ組織を示した[5]．また，分析した金属組織は急冷組織が確認された．なお，内部組織は溶融されている関係で，内部充填率の正確な定量化はできないが，任意の断面での顕微鏡観察による一定面積中の空隙率から換算されたものである．同研究[4]によれば，SLM法によるアルミ材で，密度充填率はレーザー出力とスキャン速度によって70％から90％以上に変化するとされている．レーザー出力が大きくスキャン速度が遅い場合ほど，溶融されて密度充填率があがり空隙率が減少する．ここで，密度充填率は単に密度（density）と表現する場合もあり，その反対に空隙率で表示することもある．

　粗仕上げAM法では細かいメッシュ模様などを織り込んだ設計が多い．この場合には表面はそれなりに複雑な模様を作ることができるが，写真に示すように，メッシュ構造の場合には，その裏面は不完全溶融で半溶融の粉末による金属粉末の塊が残る場合がある．著者らの観測した結果の一部を図5.18に示す．

「光学顕微鏡像」

×100倍

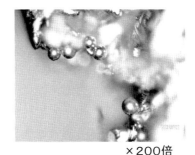
×200倍

図 5.18　網目状の裏面と側面での不完全金属溶融粉末の塊

緻密AM加工「試料ー2」

図 5.19　レーザーによる緻密仕上げ AM 加工の実施例

(2) 緻密仕上げ AM

　粉末の平均粒径を小さくした場合には表面の粗さが目立たなくなる．例えば，金属粉末の平均粒径が 30 μm 以下の場合，表面は緻密になることが多い．それに伴って，緻密 AM の場合の一層当たりの厚みは約 30 μm 以下となる．レーザービーム径は $\phi 70 \sim 80$ μm で，オーバーラップなどを考慮するとビード幅は約 50 μm 程度となることが想定される．緻密 AM 法による加工例を図 5.19 に示す．

断面ミクロ組織

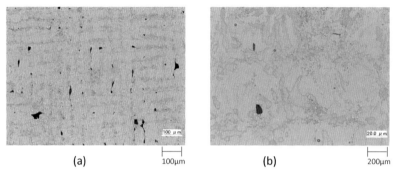

図 5.20　レーザー緻密仕上げ AM 加工のミクロ金属組織の例

緻密 AM
参考値：相割合から見た：空隙率

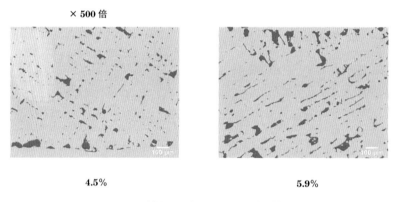

図 5.21　緻密仕上げ AM の空隙率（密度）

　レーザー焼結法（SLS）では粉末粒度がある程度維持されて周りが溶融結合することが多い．緻密仕上げ AM 法の材料表面は相対的にキメが細かく，内部が溶融しているが一部に粒径の形状がかすかに確認できるものもある．手元にあった任意の試料で分析を行った．図 5.20 に緻密仕上げ AM 加工のミクロ金属組織を示す．図 5.20(a) では積層された粉末粒がそのまま積層されている痕跡が見られる．粒子径は約 30 μm の Ti 粉末の積層模様である．図 5.20(b) はその拡大写真である．

　さらに，金属断面を腐食液（水＋硝酸＋塩酸＋ふっ化水素酸）でエッチングした写真を示す．それによれば，緻密仕上げ AM 加工で行ったサンプルの

密度充填率は参考値ではあるが 4.6 ～ 6.9％で平均5％前後であった[5]．その結果を図 5.21 に示す．材料はチタン(Ti)系である．しかし技術は日進月歩で，昨今ではレーザー照射直後にレーザー照射溶融面を加圧したり，敷き詰めた粉末面にロールをかけるなどの方法による密度充填率の改良研究が行われて，厳密な差異は少なくなりつつある．密度充填率は溶融などの条件によって異なる．レーザー出力を増大して，スキャン速度をゆっくりとした場合には，より溶融を伴うので密度充填率は上昇する．いずれにしても，まだ改良の余地もあり開発途上ではあるが，AM 法については加工状態をそのまま受け入れてあるがままに応用するという考え方と，さらに完成度を高めるために表面に工具による加工を施して面精度を上げ製品への適応などの考え方があり，その両者が模索の中で共存している．

5.3.4 AM の加工事例

造形速度が低いので，AM 技術は設計試作と製品開発において適用されてきた．しかし，長時間がかかっても他の方法では不可能な複雑系の形状製作の場合は，有力な生産手段になり得ることは言うまでもない．また，この AM 法は複雑形状の一体造形を可能としたが，表面粗さや精度面の悪さゆえに試作品や面粗度を要さない部品以外に活用できなかった．しかし，現在ではエンドミルなどの切削工具により表面の後処理加工を施すことで高品位な面に仕上げることができるようになった．また，そのような機能を装置化した．AM 法と工

ファイバーレーザ＋エンドミル　造形時間：6時間22分
表面粗さ：Rz5～10μm　　切削時間：7時間30分
形状精度：±5 ～25μm　　加工時間：14時間02分

図 5.22　レーザー AM 法と切削工具による加工事例（写真提供：松浦機械製造㈱）

156   5.3 AM加工技術

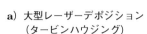

a) 大型レーザーデポジション
（タービンハウジング）

b) 小型積層造形
（スクリュー）

図 5.23　AM による加工例（ハウジングとスクリュー）(写真提供：a) DMG 森精機㈱, b) 愛知産業㈱, ドイツ：SLM ソリューションズ社)

具による切削加工を組み合わせることにより高精度の複合加工が可能となった．図 5.22 には「AM＋工具」の新しい発想の加工法を示す．図中の右側が AM だけによる加工，左側はその後に，ミーリングの工具による仕上げ加工を施した例である[6]．フライス加工やエンドミルによる工具を用いた場合には，全工程の加工時間の削減や，機械加工を装置内に一体化することで，時間短縮を図っている．Ti 系など材料によっては工具側の成分である C や W が切削過程で混入される場合があり，これが長期的には稀にクラックや他の欠点を起こすこともある．そのため多くの工夫と改良が重ねられている．

　また，レーザー照射により加熱・溶融した粉末層は，加熱処理が施された最初の層に対して後から作られた層が積層された場合，下層は温度が先に冷え，後からの層の冷却が始まると表面で圧縮応力が生じる．このため，全体に入射方向に反りが発生し残留応力が生じることもあり，形状によっては内部支持（support）や温度の均一化を意図した保温床など加熱による温度場を考慮する動きもある．最新の技術は，材料の縮みなども計算にいれたシミュレーションなどコンピュータ援用により最適化が図られている．

　ここで各種応用の事例を見る．図 5.23 にはタービンハウジング[7]と小型スクリュウ[8]の事例をあげた．また，図 5.24　AM 法による球状加工とヒップインプラント[9]を，そして図 5.25 には緻密 AM 加工によるカーギアボックスの加工[10]の例を示した．いずれも精巧で複雑な形状を一体で制作されている．なお，AM 法にはレーザーの他には電子ビームを熱源に用いる方法もある．多

第 5 章 精密微細レーザー加工の実際　　157

 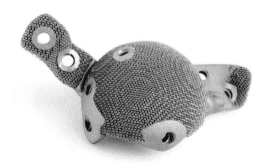

　　a）球形形状　　　　　　　　　　b）ヒップインプラント
　　　（直径約：30 mm）　　　　　　　（全長：50 mm）

図 5.24　AM 法による球 j 状加工とヒップインプラント（写真提供：愛知産業㈱，ドイツ：SLM ソリューションズ社）

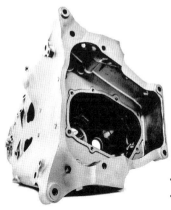

- 材質: AlSi10Mg
- 重量: 3920 g /
- 体積: 1452 cm^3
- 時間: 3日 10時間 56 分

図 5.25　緻密仕上げ AM 加工によるカーギアボックスの加工（写真提供：愛知産業㈱，ドイツ：SLM ソリューションズ社）

少の改善点はあるにしても，AM 法はあらゆる産業で今度が期待される成長分野でもある．

参考文献
1）　新井武二：特集:40 巻記念号，レーザ協会誌，Vol.40，No.1，p.1（2015）
2）　新井武二：日刊工業新聞，平成 27 年 2 月 3 日付，8 〜 9 面（2015）

3) 3Dサンプル：台湾・工業技術研究院（ITRI）南院訪問記念（2013年10月25日）
4) Buchbinder, D.a et.al.: High Power Selective Laser Melting（HP SLM）of Aluminum Parts, Physics Procedia 12(2011) pp.271-278
5) 中央大学新井研究室研究資料

第**6**章

マイクロ微細レーザー加工の実際

6.1　マイクロ微細加工とは —————— **160**

　6.1.1　マイクロ微細加工の定義 ————— 160

　6.1.2　マイクロ加工用レーザー ————— 160

6.2　マイクロ微細穴加工法 —————— **161**

　6.2.1　光学系の調整 ————————— 161

　6.2.2　穴あけ加工の種類 ——————— 162

　6.2.3　極薄板の最小穴径の限界 ———— 165

6.3　穴あけ加工の最小化 ——————— **167**

　6.3.1　パルス幅の影響 ———————— 167

　6.3.2　金属の穴あけ加工 ——————— 171

6.4　非金属材料の穴あけ加工 ————— **173**

　6.4.1　セラミックス系材料の穴あけ加工 —— 173

　6.4.2　高分子材料の穴あけ加工 ———— 175

6.5　フェムト秒レーザーによる加工 —— **178**

　6.5.1　立体形状加工 ————————— 178

　6.5.2　加工量と表面デブリ —————— 180

6.1 マイクロ微細加工とは

6.1.1 マイクロ微細加工の定義

ここでのマイクロ微細加工とは，主に短波長レーザーや短パルス，超短パルス発振のレーザーなどによる加工で，加工量が数〜数十マイクロメータとなるマイクロオーダ（〜数十 μm 台），またはそれ以下のナノメータ（〜数 nm）での微細加工を称することにする．微細加工を意図した短パルスや超短パルスレーザー発振器による加工がこれらに属する．すなわち，パルス発振の持続時間を極端に短くした短パルス化レーザーや超短パルスレーザーなどで，現在の産業用レーザー加工装置でパルス幅がナノ秒（ns：10^{-9} 秒），ピコ秒（ps：10^{-12} 秒），フェムト秒（fs：10^{-15} 秒）による加工をマイクロ微細加工として取り扱う．

6.1.2 マイクロ加工用レーザー

マイクロ微細加工用のレーザーを図 6.1 に示す．短パルスレーザーは発振持続時間が主にナノ秒発振でレーザー物質（媒質）にはネオジウムイオン（Nd^{3+}：neodymium ion）をドープした YAG（Nd^{3+}：YAG），YLF（Nd^{3+}：YLF），YVO_4（Nd^{3+}：YVO_4）結晶などが用いられる．発振波長は基本波およびその高調波レーザーである．なお，発振波長は結晶に注入されるイオンによって異

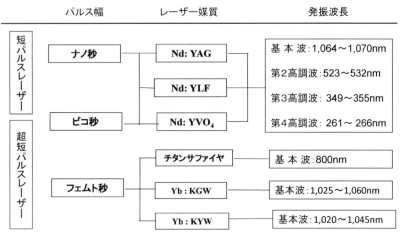

図 6.1　マイクロ微細加工用レーザー

表 6.1 マイクロ微細加工用レーザー

		金属		有機材料	無機材料	
対象加工材	詳細	非鉄 Cu, Cu合金 Al, Al合金 Ni, Ni合金 Ti, Ti合金	鉄鋼 炭素鋼 軟鋼 鉄系合金 ステンレス	プラスチック エンプラ ゴム系 木質系 紙質系	繊維強化（FRP） ポリエチレン（DFRP） ガラス繊維強化（GFRP） 炭素繊維強化（CFRP）	セラミックス ガラス系 石英 単結晶 サファイヤ
赤外光	CO_2	△	◎	◎	○GFRP ポリエチレン	○セラミックス 石英
	YAG Fiber	◎	◎	—	—	△サファイヤ セラミックス
		◎	◎	—	—	△セラミックス
高調波	$\lambda=532\,nm$	薄○	薄○	薄○樹脂プラ系	薄○	薄○セラミックス
	$\lambda=355\,nm$	薄○	薄○	薄○樹脂プラ系	薄○	薄○ガラス サファイヤ
短パルス	ナノ秒 ピコ秒 フェムト秒	極薄△	極薄△	薄△樹脂プラ系	極薄○	極薄○ガラス サファイヤ
		極薄△	極薄△	極薄△プラ系	超薄○	極薄○ガラス サファイヤ
		—	—	極薄△ポリイミド	極薄○	極薄○ガラス サファイヤ

なる．また，超短パルスレーザーの場合，チタンサファイヤ（Ti：A_2O_3結晶 $\lambda=800\,nm$）が主流であったが，昨今では，イッテルビウムイオン（Yb^{3+}：Ytterbium ion）をドープした KGW（Yb^{3+}:KGW）結晶 および KYW（Yb^{3+}:KYW）結晶が用いられるようになってきた．

マイクロ微細加工用レーザーは種々あるが，それらレーザーの一覧と加工が可能な対象材料との関係を表 6.1 に示した．材料は金属，有機材料，無機材料の順に示したが，すべての材料に対して加工が可能な訳ではない．また，この種のマイクロ加工用のレーザーは所望の波長を得るために波長変換をしているが，変換素子の変換効率の低さのために概して出力が小さい．そのために，加工対象となるのは薄板または箔材などの極薄板に限られる．なお，ここでのマイクロ微細加工用レーザーは高調波レーザーおよび短パルスレーザーが対象であるが，表中には参考のために赤外レーザーも併記した．

6.2 マイクロ微細穴加工法

6.2.1 光学系の調整

ここからは実際のマイクロ微細穴加工（穴あけ加工）を示す．まず，この微

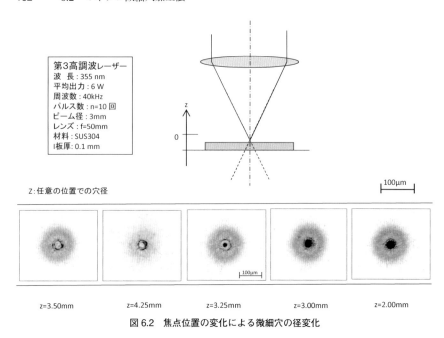

図6.2　焦点位置の変化による微細穴の径変化

細な穴加工を実現するためには事前の光学系の適切な調整が必要である．通常，微細加工に用いるレーザーのビーム径は3〜5mmの元ビーム径をもつが，これをそのまま集光光学系を通しても小さなスポット径を得るのは難しい．そのため，発振器から出力されたレーザー光（元ビーム径）を直後にレーザービームエキスパンダーを挿入することでビーム径を一旦3倍程度に拡大する．その後に焦点距離の短い集光系で集光すると約 $\phi 20\,\mu m$ 台，またはそれ以下のスポット径（集光径）が得られる．焦点距離の短い分，スポット径は小さくなる．これは光学の教えでもある．焦点位置の管理には敏感となることは言うまでもない．図6.2には，焦点位置によって変化する穴径の影響を示した．位置の変化は穴径に微妙に変化を与える．あくまでも最小スポット径が得られる位置が重要で，市販レンズの公称焦点距離ではないことに注意を要する．この最小スポット径が得られる位置でのスポット径を光学では最小錯乱円（circle of least confusion）という．微細加工では重要な事項である．

6.2.2　穴あけ加工の種類

微小な穴の加工を精密に加工するために種々の考案がなされている．薄板を瞬時に加工しようとしても，光と材料溶融の作用で照射時に溶融金属が表面で

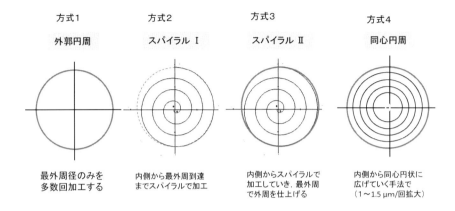

図 6.3　ビーム回転によるとレパリングの加工形態

吹上げ飛散する．この影響で正確な穴形状が得にくい場合がある．そのためNC駆動やビームスキャン，ビーム回転を組み合わせて精密な穴あけ加工を実現するための工夫がなされている．特に金属箔などへごく微小径の穴あけ加工を施す場合の方法にはスパイラル法，パーカッション法，トレパリング法などの種類がある．実際に微細穴あけ加工で行われている方法の一例を図 6.3 に示す．加工法の形態には4種類の方式がある．その方式は，固定した同じ位置をビームが連続的に加工するパーカッションと呼ばれる方法と，ビームを回転加工させて加工するトレパリングとがある．それぞれの手法について述べる．

(1) パーカッション

パーカッション（percussion）はもともと衝撃，打撃の意味であるが，レーザー光を材料面の一点に直接照射する方法である．そのため，単一パルス（single pulse）加工でない限り，同一箇所を繰り返し加工し照射し穴をあけて行く方法である．加工時間は一般に短いが，精度はあまり望めない．照射時に溶融物が勢いよく飛散するため，表面では穴の周辺部に溶融金属の飛散物の付着がしばしば見られる．図 6.4 には板厚 0.5 mm のセラミックス材に約 50 μm を目標に加工したものである．表面と裏面の穴径に変化が見られ，表面の方が大きいことが多い．また，表面には飛散した溶融物の付着が見られる．

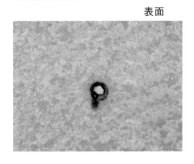
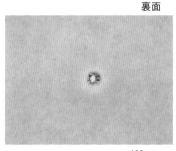

セラミック t＝0.5mm，設定穴径 50μm

図6.4 パーカッション法による穴あけ加工

銅材（Cu） t=15μm

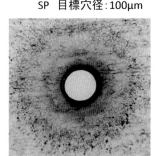

穴径 φ＝200μm　　　穴径 φ＝150μm

図6.5 トレパニング法での設定穴径の変化の影響（銅材）

(2) トレパリング

トレパリング（trepanning）とはもともと「中グリ」の意味で，レーザービームを回転させながら中側をくり抜いて行う加工法である．回転径を必要とするため若干穴径は増すが，加工穴の円周部付近はきれいに加工される．この方式には，①最外周加工，②渦巻加工，③渦巻＋最外周加工など，いくつかの工夫がなされている．

図6.5には板厚15μmの銅箔に対して，また，図6.6には板厚15μmのア

trepanning

アルミ材（Al）　t=15 μm

SP　目標穴径：100μm　　　　　SP　目標穴径：80μm

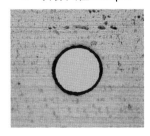 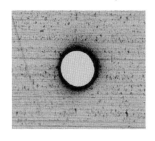

　　穴径　φ＝180μm　　　　　　穴径　φ＝150μm

図 6.6　トレパニング法での設定穴径の変化の影響（アルミ材）

ルミ材に対して回転による目標穴径（設定穴径）と得られた穴径の影響を調べた．銅箔では，目標穴径を 100 μm と 80 μm に設定した場合の加工例を示した．設定穴径を変化させたこの実験では，目標値が 100 μm としたときに得られた穴径は約 φ 200 mm，目標値が 80 μm としたときに得られた穴径は約 φ 150 μm であった．また，アルミ材では，同様の目標に対して得られた結果は目標値が 100 μm としたときに得られた穴径は約 φ 180 μm，目標値が 80 μm としたときに得られた穴径は約 φ 150 μm であった．設定はプログラム上での数値であるが，一致させるには工夫がいる．加工穴の境界では設定穴径が大きい方が熱影響層は小さくなるが，表面の汚染がやや大きい．反対に設定穴径が小さい方が熱影響層は大きくなるが，表面の汚染がやや小さい傾向にある．さらに図 6.7 では，板厚 15 μm のアルミ材でのスパイラル法と最外周加工法との比較を行った．この場合，目標値を φ 80 μm としたときに得られた穴径は約 φ 150 μm であった．得られる穴径に差はないが，スパイラル法の方が微妙な差ではあるが，表面の穴周辺では汚染が見られる．

6.2.3　極薄板の最小穴径の限界

　加工機で最小の穴径を得るには，加工ヘッドまたは NC（または CNC）加工テーブルで小さく円形を描く必要がある．これらは NC 加工テーブルの精度（分解能）にもよることは明白であるが，加工では重要である．一種のトレパニングとも言えるが，実際の普及型加工機でこの実験を試みた．ファイバーレー

spiral

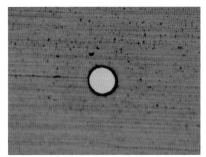
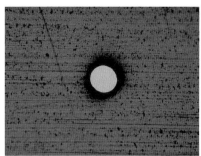

スパイラル加工　　　　　　　　最外周回転加工

図 6.7　スパイラル法と最外周加工法の比較（アルミ材）

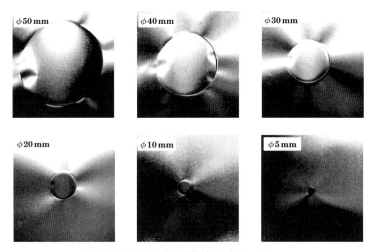

図 6.8　円形加工の穴径限界（アモウファス 8 μm）

ザーによる板厚 25 μm のアモルファス合金で，レンズ焦点距離 $f = 100$ mm の $f\theta$ レンズを用いた加工実験では，出力 90 W でスポット径を 20 μm に設定し最適な一定速度（$F = 60$ m/min）で行った．穴径を φ50 mm から順次径を小さくしていった．これは板厚や材質で若干異なることは言うまでもないので単なる参考値であるが，結果は NC 上では φ5 μm が限界であった．その結果を図 6.8 に示す．

6.3 穴あけ加工の最小化

6.3.1 パルス幅の影響

　各種のレーザーのある中で，単純に波長の違い，ナノ秒やピコ秒などのパルス幅の違いだけを論じるのは大変難しい．なぜなら，比較条件（パラメータ）を揃えることが難しいからである．それぞれ各様のレーザーは存在しても条件が一致しない．しかし，それでも産業界では必要な情報なので，ここではかなり近似した条件で比較検討を行う．

　市販レーザーの中から，特にナノ秒とピコ秒で波長の同じレーザーで比較する．まず，比較するレーザーを表6.2 に示す．このときのスポット径を計算する．

　求めるスポット径を d_G 回折によるスポット径を d_m 収差によるスポット径を d_a とすると，その関係は以下の式で示される[1,2]．

$$d_G = d_m + d_a \tag{6.1}$$

　ここで，収差によるスポット径は λ を波長，C_m をレーザー光のモード係数，入射される元ビームの直径（ビームの瞳径），f をレンズの焦点距離，n をレンズの屈折率とすると，

$$d_m = 1.27 C_m \frac{\lambda f}{D} \tag{6.2}$$

$$d_a = K \frac{D^3}{f^2} \tag{6.3}$$

でそれぞれ表される．

　ここで，屈折率 n の部分を表す係数 K は，

$$K = \left| -\frac{n(4n-1)}{16(n-1)^2(n+2)} \right|$$

表6.2　ピコ秒レーザーとナノ秒レーザーの比較

	ピコ秒レーザー	ナノ秒レーザー
波長 [nm]	355	355
ビーム瞳径 [mm]	3.6	3.5
焦点距離 [mm]	40	40
屈折率	1.449	1.449
モード係数	1.3	1.3
d_m [μm]	6.51228	6.69834
d_a [μm]	18.215	16.7389
d_G [μm]	24.7273	23.4372

ナノ秒レーザーによる穴あけ加工

材料：Cu
板厚：12 μm

波長：355 nm
パルス幅：20 ns

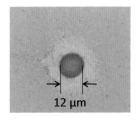
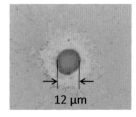
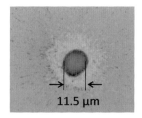

図 6.9　箔材 12 μm の穴径，パルス幅と波長の関係（3 回平均）

ピコ秒レーザーによる穴あけ加工

材料：Cu
板厚：12 μm

波長：355 nm
パルス幅：15 ps

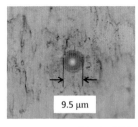
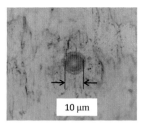
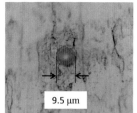

図 6.10　箔材 12 μm の穴径，パルス幅と波長の関係（3 回平均）

として示される．

　計算ではモード係数 $C_m = 1.2$ として計算すると，スポット径は回折と収差によるスポット径の広がりの和とすると，ピコ秒レーザーのスポット径 $\phi 24.2\,\mu m$，ナノ秒レーザーのスポット径 $\phi 22.9\,\mu m$ となるが，参考に，ビーム瞳径が小さいとき収差によるスポット径の広がりを考慮しないとするとピコ秒レーザーのスポット径は $6.0\,\mu m$，ナノ秒レーザーのスポット径は $6.2\,\mu m$ となる．また，ナノ秒レーザーの元ビーム径 $\phi 3.5\,mm$ であったので，ピコ秒レーザーの元ビーム径は $\phi 1.2\,mm$ に対してコリメーションで拡大し $\phi 1.2 \times 3 = 3.6\,mm$ とした．

　条件を極力同じように揃えた計算値の一覧を表 6.2 に示す．また，ピーク出

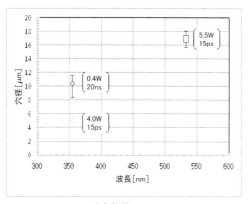

(a) 銅箔 12 μm

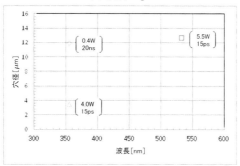

(b) アルミ箔 12 μm

図 6.11　箔材 12 μm の穴径，パルス幅と波長の関係

力は，ナノ秒のパルス幅が 20 ns のときには 400 kW であるのに対してピコ秒のパルス幅が 15 ps のときには 300 MW であった．

図 6.9 と図 6.10 には銅材（Cu）の板厚 12 μm でパルス幅の違いを比較した．図 6.9 にはナノ秒レーザーによる加工で 3 回の実験結果を示した．また，図 6.10 にはピコ秒レーザーによる加工で同じく 3 回の実験結果を示した．ナノ秒レーザーの加工穴径が平均 11.8 μm であったのに対して，ピコ秒レーザーの加工穴径が平均 9.6 μm であった．ピコ秒レーザーでの加工径の方が明らかに小さい．

図 6.11 には銅の箔材とアルミ箔の厚み 12 μm での穴径とパルス幅および波長との関係を示した．ナノ秒レーザーによる穴径はピコ秒による穴径より大きく，同じピコ秒レーザーであっても，概して波長が大きい方が穴径は大きい傾向を示す．また，図 6.12 には銅箔の板厚が 8 μm でのパルス幅および波長との関係を示した．さらに，図 6.13 には加工の差が出やすいシリコン（Si）で

170   6.3 穴あけ加工の最小化

加工材料 銅箔 厚さ8μm

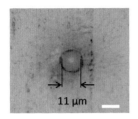 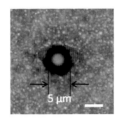 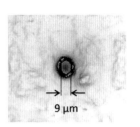

実験1 　　　　　　　実験2 　　　　　　　実験3

λ=355nm, ω=20ns 　　λ=355nm ω=15ps 　　λ=532nm ω=15ps
P=0.4W, f=20kHz 　　P=4W, f=200kHz 　　P=4W, f=200kHz

図6.12 箔材8μmの穴径，パルス幅と波長の関係（3回平均）

波長：355nm　材料：Si　厚さ：720μm

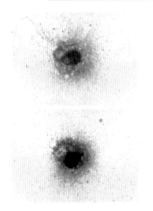 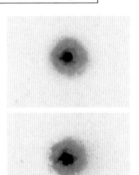

f = 20kHz 　　　　　　f = 200kHz
w = 20ns 　　　　　　w = 15ps
n = 300 shots 　　　　n = 40000 shots

穴径：25μm 　　　　　穴径：20μm

図6.13 Siを用いた貫通穴加工でのパルス幅の違い

違いを調べた．この場合，ピコ秒の方が加工穴径と熱影響が小さい．したがって，明らかにパルス幅が小さい方が穴径とそれに伴う周囲の熱影響層が小さいことがわかる．

6.3.2 金属の穴あけ加工

板厚 10 μm の代表的な金属箔で，ナノ秒での穴あけ加工特性を見る．波長355 nm の高繰返しの産業用ピコ秒発振レーザーにより，平均出力：6.4 W，周波数：45 kHz，パルス幅：20 ns の条件で複数回のパルスを照射し穴あけ加工を行う．図 6.14 にはステンレス（SUS304），銅（Cu），チタン（Ti），ニッケル（Ni）に対して同じ条件下でパルス数を 10 ショット，すなわち照射時間 0.21 ms に固定し，4 種類の材料を同じ照射条件で比較した．

その結果，加工穴径はチタン，ステンレス，銅，ニッケル順に小さくなった．これは熱拡散率が大きいほど，穴径はかえって小さくなることによる．このうち，チタン，ステンレスの場合には表面に溶融飛散物の付着が多く見られた．レーザー加工は基本的に熱加工であるので，熱伝導率の数値の高いほど熱が集中しづらいので，エネルギー強度の高い中心部のみが作用し穴径は小さいという原則に一致する．

同一条件下でパルスのショット数（number of pulse shots）と表面の穴径との関係を図 6.15 に示した．照射回数(ショット数)は 1 ショットから 5 ショットずつ増加し 20 ショットまでを比較した．初回の 1 ショットでは穴は加工されていないが，5 ショットで貫通し，10 ショットでは加工径が広がり，穴径もきれいであるが，ショットが増すにつれてその後は穴の周辺での熱影響は増加する傾向を示した．一旦，穴が貫通すると，熱源中心のエネルギーは下へ抜けてしまうので，レーザービーム熱源の裾野だけが材料に関与するので，ショット数が増しても穴径の拡大はさほど大きくはならない．

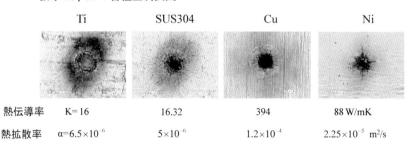

図 6.14　同一照射条件下での各種金属の比較

板厚 10 μm のチタン表面

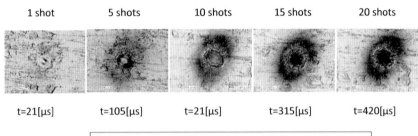

図 6.15　チタンの穴径に対する照射回数の依存性

板厚 8 μm の銅箔表面

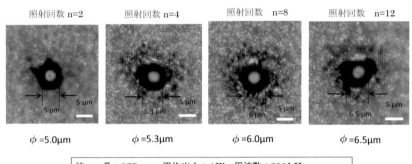

図 6.16　銅箔の穴径に対する照射回数の依存性

　同様に，図 6.16 には波長 355 nm の高繰返しの産業用ピコ秒発振レーザーにより，平均出力：4 W，周波数：200 kHz，パルス幅：15 ps の条件で，板厚 8 μm の銅材に照射回数を変化させて穴あけ加工を行った．ここでの照射回数を 2〜12 回までの変化を調べた．その結果，表面の穴径は 5 μm から 6.5 μm に増大した．なお，これらの傾向は第 4 章の 4.1 で既に示した．なお，繰返しの加工精度を見るために，平均出力：4 W，周波数：200 kHz，パルス幅：15 ps の同じ条件で，板厚 8 μm の銅箔の材料上に連続的に穴あけ加工を行った場合での結果を図 6.17 に示した．穴径は 5 μm でほぼ揃った穴加工がなされていることがわかる．

銅材：t＝8μm 穴あけ加工

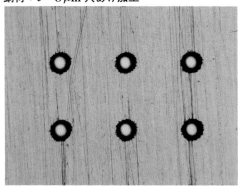

洗浄：エチルアルコール

図 6.17　銅箔の連続した加工穴

6.4　非金属材料の穴あけ加工

6.4.1　セラミックス系材料の穴あけ加工

　板厚 200 μm のマシナブルセラミックスの穴あけ加工例を図 6.18 に示す．加工位置を格子状に定めて加工したもので，レーザーは第 2 高調波（λ＝515 nm）を用い，周波数 400 kHz で平均出力 30 W，パルス幅は約 8 ps で，パルスエネルギーは 75 μJ で加工したものである．表面の穴径は 30 μm 程度である．

　同様の条件で，板厚 200 μm のセラミックス系の材料で穴あけ加工を行った．ビーム径は計算値で 8.5 μm である．加工ピッチ間隔を 0.4 mm ～ 0.1 mm まで狭めていって加工の限界を調べたもので，その外観を図 6.19 に示す．また，図 6.20 には目標値の 20 ～ 40 μm までを拡大図で示した．トレパリングによる目標値に対して実測値は，実測値/目標値で示すと 19.34 μm/20 μm，28.69 μm/30 μm，40.01 μm/40 μm であった．表 6.3 には加工の条件を最適化し，焦点位置をジャストフォーカス（材料の表面に最小となるスポット径を合わせたもの）で 30 ～ 50 μm での表裏の穴径を比較した．このときのトレパリングによる回転数は 150 周である．この場合は穴径の小さい方が目標に近づいている．このように目標とする設定値に対して結果を得るためには，スポット外周をさらに最適化する必要がある．

174   6.4 非金属材料の穴あけ加工

加工条件の模索実験

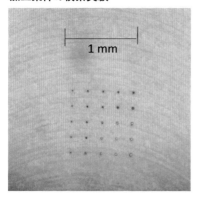

板厚 t=200μm

Tru Micro 5250 400kHz, SHG 30W
75μJ@6ps F56mm telecentric
Beam Dia. 8.5μm

図 6.18 マシナブルセラミックスの穴あけ加工

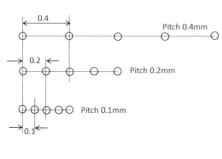

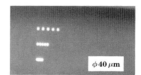

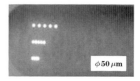

第2高調波：λ=515
平均出力：30W
周波数：400kHz
パルスエネルギー：75μJ
パルス幅：8ps
焦点距離：F56mm（テレセントリック）
ビーム径：8.5μm

図 6.19 セラミックス系材料の穴あけ加工

第6章 マイクロ微細レーザー加工の実際　　175

セラミックス系材料：t=200μm

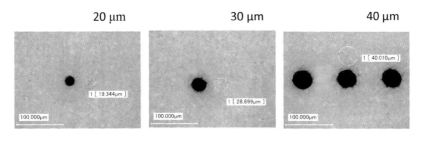

図 6.20　セラミックス系材料での加工穴径の拡大図

表 6.3　スポット外周と表裏面の穴径

Just Focus, 回転数 150 周

直径設定値	スポット外周	結果
30 μm	25 μm	29 μm/29 μm
40 μm	35 μm	45 μm/40 μm
50 μm	45 μm	56 μm/51 μm

穴径：表面/裏面

6.4.2　高分子材料の穴あけ加工

　樹脂以外にもセラミックスなどの微細穴あけ加工が重要となってきた．まず，高分子材料の加工傾向のはっきりさせることのできるポリイミドに対しては $Nd^{3+}:YVO_4$ の第3高調波レーザー（$\lambda = 355\,nm$）による穴あけ加工例を図 6.21 に示す．周波数 45 kHz で平均出力 6.4 W が得られるパルス幅が 20 nm の条件で行った．パルスの照射回数（パルスショット数）を増すにつれて穴あけ加工径の変化を見た．穴径は 20 μm から 40 μm に増加するが，目視でもわかるようにショット数を増すと周辺の熱影響はさらに大きくなる．

　第2高調波による板厚 500 μm の PCB（ポリ塩化ビフェニール）の穴あけ加工を図 6.22 に示した．加工条件としては，波長 $\lambda = 532\,nm$，周波数 200 kHz で平均出力 4 W であった．この場合，表面と裏面の穴径の差が非常に大きい．次に，1 μm 帯の基本波による板厚 500 μm の PCB の穴あけ加工を図 6.23 に示した．加工条件は周波数 200 kHz で，平均出力 9.3 W で 5 ショットずつ照射を行った．スポット径は φ30 μm であったのに対して，表面の穴

176   6.4 非金属材料の穴あけ加工

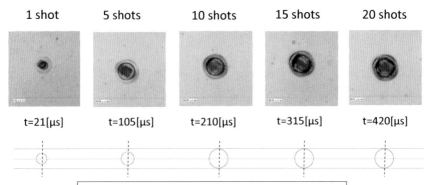

図 6.21 ポリイミドの穴径に対する照射回数依存性

PCB 板厚：500μm

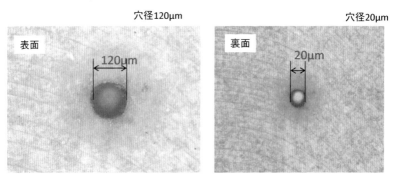

波長 λ = 532，周波数 f=200kHz　スポット径 φ 30μm
焦点距離（fθ）：163mm　平均出力：P=4W

図 6.22 第2高調波による板厚 500μm の PCB の穴あけ加工

径は 25μm で裏面は 10μm であった．集光光学系は fθ レンズを利用し焦点距離は 75 mm を用いた．連続して 6 か所を加工したが，加工径はほぼ同一で一致していた．同様に，第2高調波による板厚 200μm の PCB の穴あけ加工を図 6.24 に示した．加工条件は周波数 200 kHz で，平均出力 4 W で 5 ショットずつ照射を行った．スポット径は φ30μm であったのに対して，表面の穴径は 25μm で裏面は 13μm であった．同じく使用した fθ レンズの焦点距離は 75 mm であった．また，図 6.25 には，板厚 720μm で同じ波長 λ = 355 nm

第6章　マイクロ微細レーザー加工の実際　　177

表面　　　　　　　　　　　　　　　　　　穴径25μm

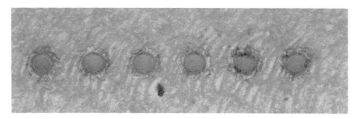

裏面　　　　　　　　　　　　　　　　　　穴径10μm

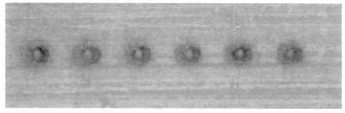

波長 λ ＝ 1,064nm，周波数 f=200kHz　スポット径 φ 30μm
焦点距離（fθ）:75mm　平均出力：P=9.3W　5ショット

図 6.23　基本波による板厚 200μm の PCB の 穴あけ加工

表面　　　　　　　　　　　　　穴径25μm

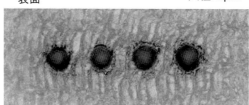

裏面　　　　　　　　　　　　　穴径15μm

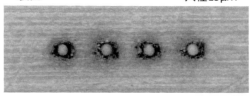

波長 λ ＝ 532nm，周波数 f=200kHz　スポット径 φ 30μm
焦点距離（fθ）:75mm　平均出力：P=4W　5shots

図 6.24　PCB の 穴あけ加工（波長 532nm）

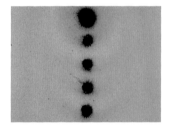
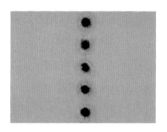

周波数：20kHz/20ns
Burst Mood：300Pulse
λ=355nm

周波数：200kHz/15ns
Burst Mood：40Pulse
λ=355nm

図 6.25　シリコンのパルス幅による加工特性の違い

のナノ秒（20 ns, 周波数 20 kHz）とピコ秒（16 ps, 周波数 200 kHz）で比較した．貫通加工のために，ナノ秒ではバーストモードで 300 パルス，ピコ秒ではバーストモードで 40 k パルスであった．加工径はピコ秒に対してナノ秒では 2 倍の穴径が形成される．

6.5　フェムト秒レーザーによる加工

6.5.1　立体形状加工

　フェムト秒レーザーによる立体の形状加工を行った．加工サンプルは後に続く測定に便利なように図 6.26 のように 15 mm 角の素材で加工領域 6 mm 角の中に加工を施した．材料表面に立体形状の一部が表面に浮き出るような形状で，表面はいわゆるエンボス加工（embossing）の様相を呈する．加工材はステンレス鋼材（SUS304）および銅材（Cu）を用い，発振波長は $\lambda = 515$ nm のフェムト秒（$t = 190$ fs）レーザーで，単位面積あたりのパルスエネルギーは $P = 0.2 \sim 0.4$ J/cm^2，平均出力 8.2 W（最大）で表面加工を行った．

　次に形状の配置であるが，直径 100 μm の球体の一部が表面に浮き出るような形状の場合，平面で見た場合は六方稠密構造の配列となっている．材料面から浮き出る球面積は自由に選択することができる．その関係を図 6.27 に示す．加工法は図 6.28 に示すように，レーザーのオフ時間を変化させながら上部から深さ方向に少しずつ球の外側を削り込んでいく方法で，それを加工平面の全面に展開する．すべてスライスデータで平面の微量除去加工を行うものである．なお，このときのワンパス当たりの除去量は 0.7 〜 1.4 μm であった．

第6章 マイクロ微細レーザー加工の実際   179

立体加工：凸型加工

材質：Cu, SUS：5mm角, 深さ：約30μm

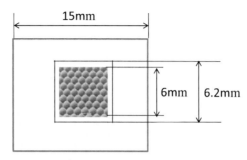

目標：加工周辺はマージンを取る
材質：直径：100 μm, 高さ：30 μm, ピッチ：120 μm

図6.26　立体加工用の加工サンプル

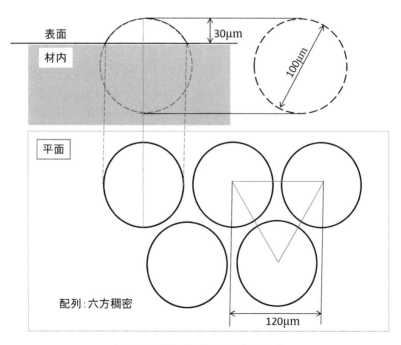

図6.27　球状の立体加工サンプルの作成

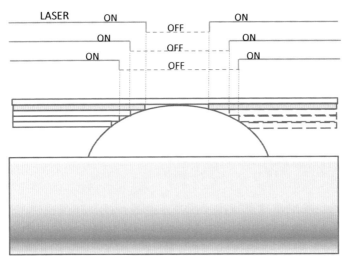

※1pass 当たりに除去量 d=0.7〜1.4 μm/ で加工

図 6.28　スライスデータによる立体加工

　図 6.29 には，フェムト秒レーザーによる銅材サンプルの表面加工を施した例を，また，図 6.30 には，フェムト秒レーザーによるステンレス鋼材サンプルの表面加工を施した例を示す．球形の深さと形状の確認は現在では連続的に自動測定することができる．図 6.31 には，Keyence 社の Profile Micrometer VF-7510 を用いて測定した例を示す．なお，フェムト秒レーザーによる加工では，ここで示したようなサンズの加工でも，銅材で約 45 分，ステンレス鋼材で約 80 分の時間を要する．加工量が微量であることを考えれば当然であるが，他に加工法がない場合，この種の加工時間は問題とならないであろう．

6.5.2　加工量と表面デブリ

　フェムト秒レーザーによる表面照射は微量な加工法である．しかし，加工である限り加工量は存在する．著者らの加工実験で得られた事例を基に，この問題に触れてみたい．

　まず，前述の 2 つの加工サンプルについてプロファイル計測を行った．測定にはキーエンス社の形状解析レーザー顕微鏡 VK-X250 を用いた．また，表面の微粉末は加工デブリと考えられる．加工直後に深さを測定し，同一サンプルに超音波洗浄を施しデブリを除去した．その差を確認することは，フェムト秒レーザーによる加工でのデブリの体積量を推算することができる．なお，本測定器の深さ方向の測定分解能は 0.5 nm である．したがって，洗浄による深

第6章 マイクロ微細レーザー加工の実際　　181

Cu 基板

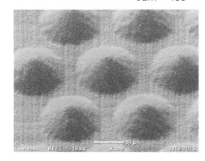

SEM × 400

SEM × 100

図 6.29　フェムト秒レーザーによる銅材サンプルの表面加工

SUS 基板

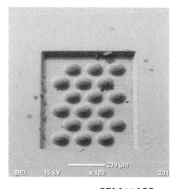

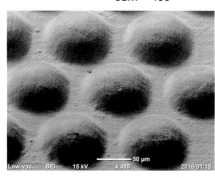

SEM × 400

SEM × 100

図 6.30　フェムト秒レーザーによるステンレス鋼材サンプルの表面加工

182   6.5 フェムト秒レーザーによる加工

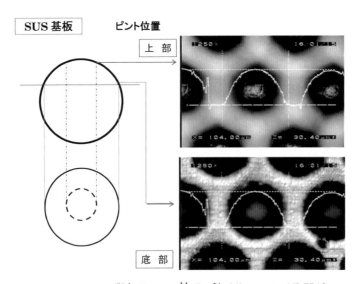

測定：Keyence社：Profile Micrometer VF-7510

図 6.31　自動連続測定による形状の確認

さ変化は，そのまま表層（最表面）のデブリ（微粉末）などが取り除かれたと考えることができる．

　図 6.32 と図 6.33 には銅材（Cu：99.99）の洗浄前と洗浄後のプロファイルの測定結果を示す．また，図 6.34 と図 6.35 にはステンレス鋼材（SUS304）の洗浄前と洗浄後のプロファイルの測定結果を示す．その結果を表 6.4 に示した．その差は銅材で 0.787 μm であるのに対して，ステンレス鋼材ではその差は 0.273 μm であった．なお，フェムト秒加工における一回当たりの加工量(one pass で除去される深さ)は，前述の図 6.27 で述べたように 0.7〜1.4 μm であっ

表 6.4　超音波洗浄による加工深さの変化
（ワン・パス当たりの除去量で比較）

純銅（Cu）加工深さ：
初回：30.372 μm
2 回目：29.585 μm
加工深さの差：0.787 μm
ステンレス鋼材（SUS 304）の加工深さ
初回：31.605 μm
2 回目：31.326 μm
加工深さの差：0.273 μm

第6章 マイクロ微細レーザー加工の実際　　183

プロファイル計測1　　　　　材質：銅(Cu)表面　超音波洗浄前

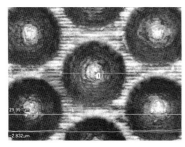
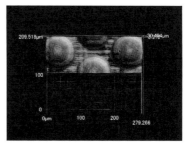
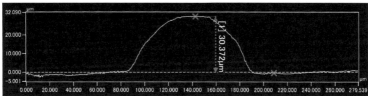

Depth:30.372μm

図6.32　洗浄前の銅材のプロファイル

プロファイル計測2　　　　　材質：銅(Cu)表面　超音波洗浄後

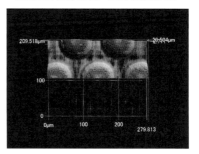
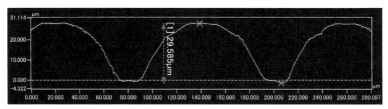

Depth:29.585μm

図6.33　銅材の洗浄後のプロファイル

184   6.5 フェムト秒レーザーによる加工

プロファイル計測　3　　　　材質：ステンレス(SUS304)表面　洗浄前

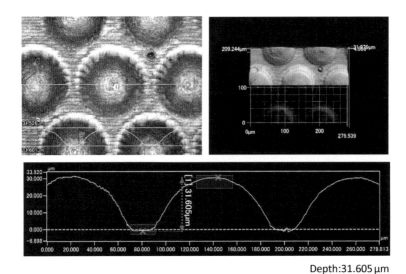

Depth:31.605μm

図6.34　ステンレス鋼材の洗浄前のプロファイル

プロファイル計測　4

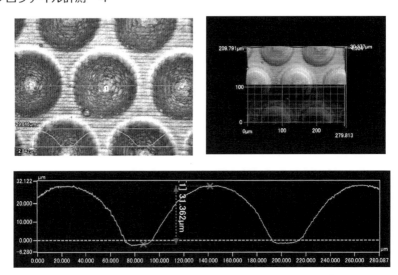

Depth:31.326μm

図6.35　ステンレス鋼材の洗浄後のプロファイル

第6章 マイクロ微細レーザー加工の実際　　185

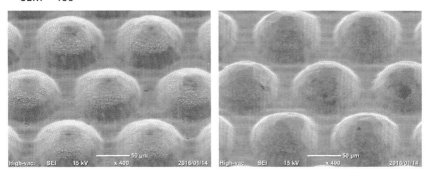

図 6.36　銅材の超音波洗浄前後の比較拡大写真

SUS基板加工

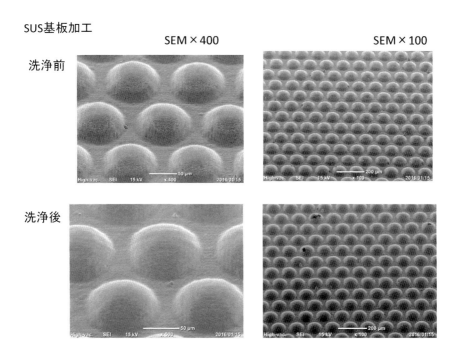

図 6.37　ステンレス鋼材の超音波洗浄前後の比較拡大写真

6.5　フェムト秒レーザーによる加工

> ステンレス鋼材の表面加工－1

SEM×400

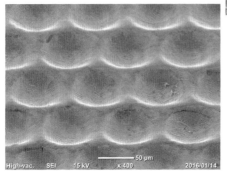

SEM×100

図 6.38　ステンレス鋼材の球面ディンプル加工

> ステンレス鋼材の表面加工－2

SEM×600

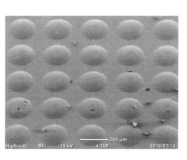

SEM×100

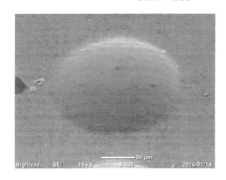

図 6.39　ステンレス鋼材の球面エンボス加工

第 6 章　マイクロ微細レーザー加工の実際　　187

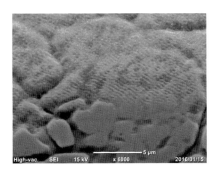 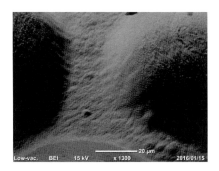

　　　SEM_x6000-境界　　　　　　　SEM_x1300-表面

図 6.40　ステンレス鋼材の周期構造の発生

たのに比べて微粉末のデブリの量は一桁小さい．比較のために，洗浄前と洗浄後の拡大写真を図 6.36 と図 6.37 に示す．図 6.36 は銅材で図 6.37 はステンレス鋼材である．写真から洗浄後には微粉末のようなデブリが除かれていることが確認できる．参考までに，形状加工の例としてステンレス鋼材の球面ディンプル加工とエンボス加工の例を図 6.38 と図 6.39 に示す．エンボス状の加工は図 6.28 のレーザー ON と OFF の逆転でも達成できる．このように形状加工は自在に行うことができる．

　フェムト秒レーザーによる周期構造の生成が話題となる．周期構造は照射されるレーザー光と表面に生起されるプラズマ波などとの干渉によってできる定在波により材料表面に蒸発および浸食によってできる現象と考えられていて，直線偏光で生じることが多いとされているが[1]，ステンレス加工の実験ではレーザー照射境界付近で周期構造が確認された．この場合のレーザーは円偏光を用いている．その例を参考に図 6.40 に示す．

　医療分野では既に実用化しているステントの微細加工にフェムト秒レーザーを用いた例を図 6.41 に示す．網目状の小さな金属製で曲り易く拡張が可能なステントの製作の必要が生じ，従来はステンレス製が多かったのに対してコバルト合金やチタン合金などが用いられた．特に，新しい機能性材料として形状記憶合金（shape memory alloy）である Ni-Ti 合金がステント材料として注目されている．この合金は靱性があり，耐食性，耐摩耗性にも優れている．商品名ではニチノール（nitinol）と称されるもので，さらに微細でかつ拡張可能な網目状の金属製筒が用いられるようになってきた[3]．使用したレーザーは平均出力 40 W，パルス幅 900 fs のフェムト秒レーザーで，パルスエネルギー 200 μJ，繰返し周波数 200 〜 600 kHz の性能をもつ．加工板厚が $t = 200\,\mu m$

6.5 フェムト秒レーザーによる加工

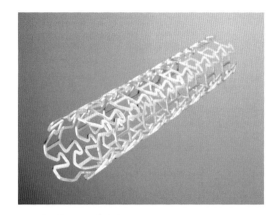

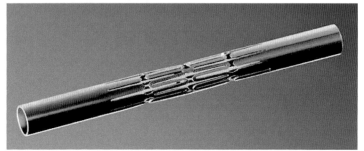

図 6.41　フェムト秒レーザーによるステントの微細加工例

であればパルスエネルギーは $100\,\mu\text{J}$ 程度でのようである．この分野は対象とする製品群が多様で個々の加工条件の開示はほとんどないが，一般的にレーザー加工で製造するステント寸法は，長さは $10 \sim 100\,\text{mm}$ の間で，直径は $0.5 \sim$ 数 mm，厚みは $200\,\mu\text{m}$ 以内であり，切断幅は $10 \sim 20\,\mu\text{m}$ である．加工スピードはおよそ $900\,\text{mm/min}$ で $1\,\text{m/min}$ 以下のことが多い．

参考文献
1) 川澄博道，新井武二：レーザスポット径と焦点近傍におけるエネルギー分布，昭和54年精機学会秋季大会講演論文集，p.259（1979）
2) 新井武二：レーザ加工の基礎工学（改訂版），丸善出版，pp.102-115（2013）
3) Daniel Flamm et al.: Higher-order Bessel-like Beams for Optimized Ultrafast Processing of Transparent Materials（2017）

第**7**章

短パルス微細レーザー加工の現状

7.1　短パルスレーザーによる加工——**190**

　7.1.1　レーザーと微細加工——————190

　7.1.2　短パルスレーザーの応用——————191

　7.1.3　波長別の応用加工——————191

7.2　マイクロ微細加工の産業応用——**192**

　7.2.1　ポリイミド系材料のレーザー加工——192

　7.2.2　リチウムイオン電池の切断加工——194

　7.2.3　プリント基板の穴あけ加工——————199

　7.2.4　エキシマレーザーによる表面剥離加工—202

　7.2.5　炭素繊維強化プラスチックの切断加工—208

7.3　マイクロ微細加工の課題と展望——**211**

　7.3.1　フェムト秒レーザーの機械加工への応用

　　　　　————————————————211

　7.3.2　ピーク出力と加工——————215

　7.3.3　マイクロ微細加工の課題——————215

7.1 短パルスレーザーによる加工

7.1.1 レーザーと微細加工

（1） 加工のマイクロ化

　工業製品は高性能を維持した上でサイズがコンクト化した．この軽薄短小がマイクロ加工の需要を生み出したとも言える．同時に，現業での技術的な飽和または鈍化を受けての新規事業開拓の検討過程で多くの産業でニッチな用途開拓の模索が始まった．生産手段の変革と製品装置のスリム化で, MEMS (micro electro mechanical systems：微小な電気機械システム）や使用材料の薄板化，箔材化に対応して，レーザー加工は従来の代替技術ではなく独自の専用技術として発展し始めた．これらの状況の変化が微細加工に適したレーザーへの需要を高めた．

（2） 微細加工の主な用途

　産業応用への模索の例には枚挙の暇がないが，その代表的なものを挙げてみる．これらの中の一部は既に利用されているが，他は可能性を探るものも含まれる．ただし, 正確で詳細な情報開示は非常に少ない．そのため, 文献やレポート，口コミなどから代表的な例を引用なしに列挙する．

　① 　加工材の表面機能化

　　ダイレクト加工による微細な表面機能化

　　レーザーアシストによる微細な表面および表層加工

　② 　加工用途の傾向

　　電気機器，計測器などの小部品の微小加工

　　表面の低ひずみ，低変形のための加工

　　フラットパネルなど素材自体の薄板化に伴う加工

　　薄膜化で機械的な負荷の回避のための無接触レーザー加工

　　太陽電池の薄膜シリコンタイプの製造プロセスでの加工

　③ 　多様な材料に対応

　　金属，非金属，非鉄金属，高反射材料への高品位レーザー加工

　　樹脂，エンプラ，透明材料（石英，溶融石英）の微細レーザー加工

　　箔の微細穴あけ加工，ストレートの穴あけ加工

　　脆性材料（ガラス，セラミックス），半導体材料の微細レーザー加工

　　レーザーによる被膜材料の表面剥離，表面粗化，表面活性化加工

7.1.2　短パルスレーザーの応用

(1)　ピコ秒レーザー応用例

　一般的な加工として対象となる材料は，金属，セラミックス，シリコン，強化ガラス，サファイヤなどであり，加工の用途としては，各種微細の穴あけ加工，シリコンウエハの穴あけ，金属箔のスリット加工，ねじりの入ったスプリング加工，アルミナセラミックスへの穴加工などがある．

　また，ソーラセルのレーザー加工として，ダメッジのない膜太陽電池へのレーザーパターニング，結晶系太陽電池の酸化 Si 皮膜層のパターニングなどがある．その他，ステルスダイシング技術や，微小部品の加工，ステントなどの医療関係への応用に用いられている．

(2)　超短パルスレーザーによる応用

　短パルスレーザーを含めた超短パルスレーザーによる加工では，石英材料の穴あけ加工，表面の微小除去加工（10 GW, 100 fs），水晶振動子の周波数調整（0.5×1.2 mm の音叉型水晶振動子），金型や工具の微調整加工，発生衝撃波などによる瞬間圧力の利用，微小領域の機械加工（かしめ，輪郭転写，衝撃曲げ）などが挙げられる．さらに，半導体・電子部品業界では，チェッカー治具（検査治具），トップファインの微細穴加工（ϕ 0.04 mm × 深さ 0.5 mm），電子部品検査用 PES（ポリエーテルサルホン樹脂），微細穴加工 ϕ 0.25 mm（最細部），シリコンウエハの穴あけ，マシナブルセラミックス，チタン，テフロン（PTFE），ポリイミド，光学ガラス（BK7）加工，表面ディンプル加工などがある．

7.1.3　波長別の応用加工

(1)　波長 λ＝532 nm での穴加工

　レーザーアニール，液晶ディスプレイ（LCD），有機 EL ディスプレイ（OLED）の作成用，アモルファスシリコン（α-Si），多結晶シリコン（Poly-Si）のレーザーアニール，ウエハ・マーキング，液晶ガラスパネルのインナーマーキング，トリミング，リペア，スクライビング，セラミックスの微細穴あけ加工．

(2)　波長 λ＝355 nm の穴加工

　シリコンウエハ，ポリイミド，インクジェット，ファインピッチ Ti0.2t メッシュ加工（微小ピッチのハニー状），窒化ケイ素の高アスペクト比，スマートフォン・タブレット用強化ガラスのカッティングなど．

(3)　波長 λ＝266 nm：第 4 高調波での加工応用

　SiC・GaN のウエハ・マーキング，SUS，タングステン，ニッケルの箔材，金属箔穴加工，ソーラセル切断（絶縁），半導体マーキング，ガラス溝加工．

(4) その他

短パルス，短波長レーザーを多用した材質別の応用加工例として，コバルト合金：パイプ径：$\phi 1.55$ mm／肉厚：$100\,\mu$m／残し幅：約 $100\,\mu$m，透明電極のスクライビングとして ITO 膜付ガラス：膜厚 90 nm／除去幅は約 $20\,\mu$m／パターンサイズ約 5 mm×5 mm，モリブデン：板厚：$100\,\mu$m／穴径 $\phi 200\,\mu$m，チタン：板厚：$100\,\mu$m／穴径 $\phi 300$ mm などがある．

7.2 マイクロ微細加工の産業応用

7.2.1 ポリイミド系材料のレーザー加工

ポリイミド（polyimide）はイミド結合で連結された芳香族ポリイミドを言うが，すべての高分子の中でも熱的，機械的，化学的にも優れた性質をもっている．ポリイミドフィルムは，商品名をカプトン（デュポン社）として工業的に実用化されている．高分子材料として強度および耐熱性に優れているうえに，線膨張率が低く，金属配線で熱膨張歪みが少ない．また，抜群の絶縁性を有するために，小型電子回路の絶縁体として用いられる．特に，金属に近い非常に低い線膨張率があるため，熱歪が生じ難いことが特徴である．ポリイミドのフィルム層間に導通孔（スルーホール）を開けて電気的接続を行えるため，極薄で

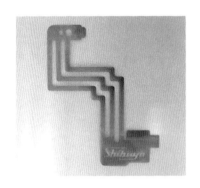
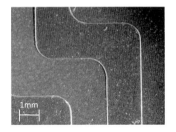

加工条件：波長λ=532nm
平均出力：3W
周波数：500kHz
パルス幅：12ps
パルスエネルギー：6μJ

レーザーアブレーション加工
ピコ秒グリーンレーザー
ポリイミド（厚み25μm）

図 7.1 ポリイミドによるフレキシブル基板（ポリイミド切断）の例（写真提供：澁谷工業株式会社）

第 7 章　短パルス微細レーザー加工の現状　193

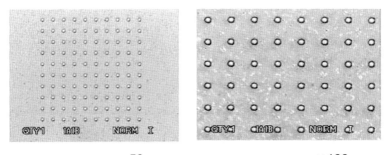

×50　　　　　　　　　　×100

材質：ポリイミド　板厚 t = 1 mm
波長 λ = 355 nm　平均出力 4.5 W
ピッチ間隔 100 μm　穴径 φ15 μm

図 7.2　ポリイミドのシート材の穴あけ加工（ビア加工）（写真提供：三菱電機㈱）

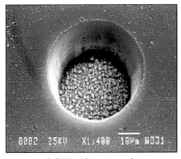
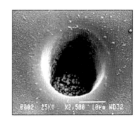

穴加工（φ50 μm）　　　　穴加工（φ25 μm）

波長　λ = 355 nm，材質：ポリイミド系材料

図 7.3　YAG 第 3 高調波（λ = 355 nm 微細加工）によるポリイミド系材料の加工（写真提供：コヒーレントジャパン㈱）

コンパクトな電子回路などを製作できるとして注目を浴びている．
　加工の事例として，図 7.1 には板厚 25 μm のポリイミドを用いたフレキシブル回路としてマイコンや電子機器などの任意の小型回路の形状に切断した例を示す[1]．第 2 高調波の波長 λ = 532 nm のピコ秒レーザーで，平均出力 3 W，周波数 500 kHz，パルス幅は 12 ps で，パルスエネルギーは 6 μJ で，加工時間は約 9 秒である．炭化などの熱影響が小さく糊の付着面の溶け出しが抑えられ，品質の劣化を抑えられるなどの利点がある．電子部品の軽薄短小化に期待が大きいとされている．

さらに，軽薄化が進む場合には，箔のようなシート材の穴あけ加工が必要となってくる．図7.2には，YAG第3高調波（λ＝355 nm）による厚さ1 mmのポリイミドシートの加工例を示す．穴径φ15 μmで穴ピッチは100 μmである[2]．また，同様に図7.3には，高分子（ポリイミド系）材料の穴加工の例を示す．加工条件は出力を数Wに絞り，周波数10 kHzのパルスで数10 shots加工することで，穴径がφ＝25～50 μmで良質な穴あけ加工を実現している[3]．

7.2.2 リチウムイオン電池の切断加工

(1) リチウムイオン電池の構造

リチウムイオン電池（lithium-ion rechargeable battery）は，従来の電池バッテリーと比べて充電が速く出力密度が高いといった特徴がある．そのうえ軽量でバッテリーとして長寿命であると言われている．典型的なシート電極の構造を図7.4に示す．正（プラス）極と負（マイナス）極があり，その間にセパレータと呼ばれる絶縁体を挟んだ構造からなり，それらの組合せで構成されている．メーカによって異なるので一概に寸法を述べることは難しいが，一例としてのシート電極の一般的な構造は，Cu電極（－）とAl電極（＋）とで構成される．Al電極（＋）はほぼ18 μm厚のアルミ箔が用いられ，また，Cu電極（－）はほぼ12 μm厚の銅箔が用いられる．ともに，その両側を活性層で挟まれたサンドイッチ構造をしている．図7.5に模式的に図示する．活性層はカーボン粉末

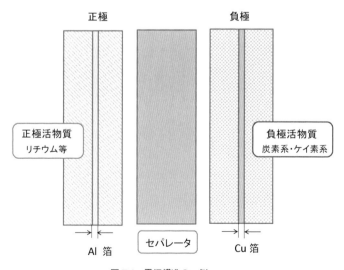

図7.4 電極構造の一例

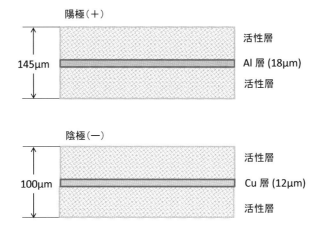

図7.5 シート電極の一般的な構造

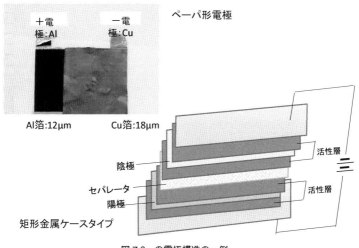

図7.6 の電極構造の一例

粒子＋バインダとで構成されているが，この部分に関しては各社企業秘密として取り扱われていることが多い．このセットの層をスタック化することで電池容量を増大させる．図7.6に矩形ケースタイプのシート電極構造の一例を示す．

　リチウムイオン電池の形状は多様であり，例えば，矩形の金属ケースタイプの電池の場合，金属のカンケースがアルミのときは負極端子となる．また，円形タイプの電池の場合，正極では正極端子，正極リードとして，負極では負極端子，負極リードとして取り出される．概念的には図7.6に示すように，正極

196   7.2 マイクロ微細加工の産業応用

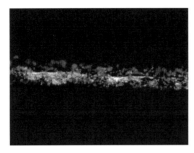

マイナス電極(C層+Cu箔+C層)　　C層(C+Bindr)のパウダー

図7.7　銅(−)の電極(C + Cu + C)の機械加工の例

機械的な切断による断面　C+Al+C

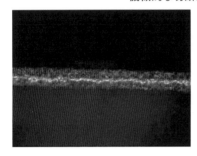
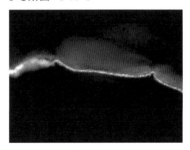

プラス電極(C層+Al箔+C層)　　Al単体の厚み(15±5μm)

図7.8　アルミ(+)の電極(C + Al + C)の機械加工の例

と負極の電極の端子が取り出される．しかし，このように物理的にも化学的にも性質の異なる組合せで構成された電極は複合材料であり，この複合材料の切断にはそれなりの難しさがある．

(2)　電極のレーザー切断

この電極の切断にはファインカッターなどによる機械的加工が従来から行われて来た．

図7.7には機械的に切断した場合の切断面を示す．例はマイナス電極で(C層＋Cu層＋C層)の組合せである．ここでC層とはカーボン(C)とバインダで構成される活性層のことである．C層＋Cu層＋C層の層間がくずれ，だれている．その結果，リークあるいはショートなどが起きやすいため望ましくない．また，機械的な加工は材料に力学的な負荷を加えることから，切断面は層ごとに平行を維持できずに，図7.8に示した写真のように下方にだれて金属

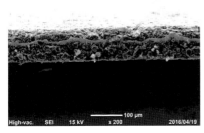 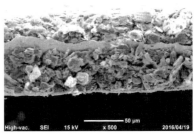

Cu極　×200　　　　　　　　Cu極　×500

Mechanical Cross Section機械加工断面：
ファインカット：（加工面は下）

図7.9　銅（−）の電極の機械加工例

の活性層が被っている．さらに図7.9には機械的加工の拡大写真を示した．下からファインカットしたマイナス電極に様子であるが，加工後に全体に銅箔の層が平行を保てずに，大きく湾曲していることがわかる．そこで，この問題に対処するために無接触加工のレーザー切断が試みられている．

　現在は種々のレーザーが用いられているが，断面精度を考慮して短パルスレーザーによる切断例を示す．波長 $\lambda = 515$ nm で平均出力 30 W パルス幅 8 ps のピコ秒レーザーを用いた．実加工では，平均出力は絞って 9 W とし，周波数 200 kHz，ピーク出力 150 μJ で加工速度 $F = 300$ mm/s（1.8 m/min）で，複数往復のスキャン切断を行った．このときのスポット径は約 $\phi 30\,\mu$m であった．図7.10に実加工の写真を示す．左右に高速では往復スキャンをしている関係で光が横に流れている．

　上記の加工条件で行った結果を，図7.11と図7.12に示した．図7.11はマイナス電極となる層（C層＋Cu層＋C層）の切断で 12 μm の銅箔の層と活性層が見事に分離され，綺麗な平行層を示している．また，図7.12にはプラス電極となる層（C層＋Al層＋C層）の切断面を示した．アルミの場合は写真の上では明瞭なコントラストに欠け明確に区分し難いが，細く平行なトレート層を成していて他と区分できている．これが短パルスレーザー切断のメリットとなっている．

　なお，メーカからは詳細な構造や厚みなどはほとんど公表されていない．そのため，たまたま実験したものが最新モデルである確証はない．したがって，特定のメーカ製品に対して行った実験ではないことを付け加える．

198   7.2 マイクロ微細加工の産業応用

図 7.10 ピコ秒レーザーによる電極 n 切断風景

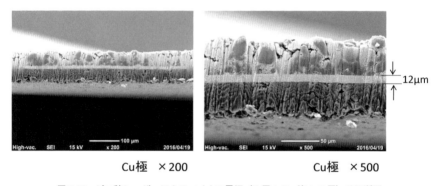

Cu極　×200　　　　　　　　　　Cu極　×500

図 7.11 ピコ秒レーザーによるマイナス電極（C 層＋ Cu 箔＋ C 層）の切断面

Al 極　×200　　　　　　　　　　Al 極　×500

図 7.12 ピコ秒レーザーによるマイナス電極（C 層＋ Al 箔＋ C 層）の切断面

7.2.3 プリント基板の穴あけ加工

情報通信機器の小型化や高密度化が進んでいる．回路の配線を細く薄くしてコンパクトな面積中で高密度に実装を行うことができれば，電子機器をはるかに小型化することができる．これら電子機器の軽量小型化は，プリント基板段階で高密度実装ができることがカギになり，必然的に配線の穴径をさらに小さくすることが求められるようになった．

ごく微小な穴径で真円度を保つことは現状の機械加工では限界があるため，従来のドリルによるスルーホール（through-hole）加工に代わって，1988年頃に感光性樹脂を使用した露光でフォトビア法が開発されたが，ケミカルプロセスでのビアホール（via hole）形成で歩留や信頼性に課題があった．フォトビア法の代替技術として1995年以降レーザービア工法が実用化された．レーザーによる小さな径のビアホール加工が可能となり，それに付随してビルドアッププリント配線板（build-up printed wiring board）のマイクロビア形成のための微細穴あけ加工が急速に伸びた．

プリント基板の穴あけ加工は現在も CO_2 レーザーが主流である．ただし，波長 $\lambda = 9,300\,nm$ で周波数が $1,000 \sim 2,000\,Hz$ の高繰返しの短パルス発振レーザーである．片面または両面に銅箔で構成された基板の場合には，加工性のよさから第3高調波も有力な加工手段となっているが，CO_2 レーザーは樹脂に対する加工のし易さに加えて，モード改善によってさらに穴の小径化が可

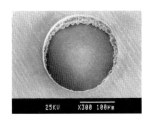

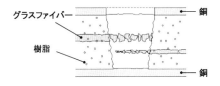

コンフォーマル　加工穴径：φ＝200μm，素材：ガラスエポキシ樹脂，使用レーザー：CO_2レーザー（λ＝9.3μm）
加工条件：パルス幅15μs，加工エネルギー30mJ，　ショット数5shots

図7.13　CO_2 レーザーによるガラスエポキシ樹脂のビアホール加工（写真提供：三菱電機㈱）

7.2 マイクロ微細加工の産業応用

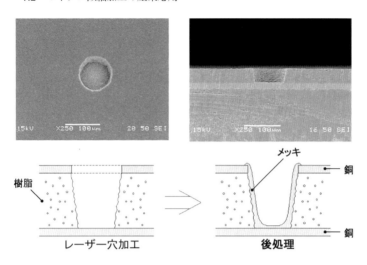

コンフォーマル 加工穴径 $\phi = 90\,\mu m$, 素材：エポキシ樹脂, 使用レーザー：CO_2レーザー($\lambda = 9.3\,\mu m$)
加工条件：パルス幅3μs, 加工エネルギー0.8mJ, ショット数2shots

図7.14 CO_2レーザーによるエポキシ樹脂のビアホール加工（写真提供：三菱電機㈱）

能となり威力を見せている．CO_2レーザーを使用して加工したプリント基板の例を示す．プリント基板の代表的な2種類の使用樹脂を取り上げる．図7.13はガラスエポキシ樹脂の場合で，加工エネルギー30 mJでパルス幅15 μs，ショット数は5 shotsのとき穴径は$\phi = 200\,\mu m$であった[1]．樹脂中に左右に横断して存在するグラスファイバーは樹脂と加工特性が異なることから，穴内壁に粗い断面として残る．図7.14はエポキシ樹脂の場合で，加工エネルギー0.8 mJでパルス幅3 μs，ショット数2 shotsのとき，加工された穴径は$\phi 90\,\mu m$であった[1]．穴の壁面はガラスエポキシ樹脂に比べてスムーズで加工処理後は後処理として，銅など伝導性の優れた金属でメッキして導通を図る．

実際の高密度実装基板での実例として，貫通多層基板と高密度ビルドアップ配線板の例を図7.15示す[1]．微細な層間穴径は$\phi = 50 \sim 100\,\mu m$でレーザー加工している．携帯電話の普及がビルトアップ基板などレーザー工法の発展を牽引している．さらに高密度実装の全層ビルトアップ基板で構成されるエニイレイヤー（Any Layer structure）へと発展している．

その後の展開で，CO_2レーザー（波長 $\lambda = 9300\,nm$）によるプリント基板の穴あけ加工では，従来の50 μmの穴径から40 μmの穴径の加工が可能となり，プリント基板の分野ではCO_2レーザーの優位な立場が維持されるに至っている．図7.16にその加工例を示す．

第7章　短パルス微細レーザー加工の現状　201

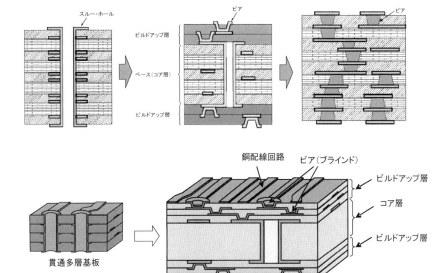

図7.15　高密度実装基板の発展（写真提供：三菱電機㈱）

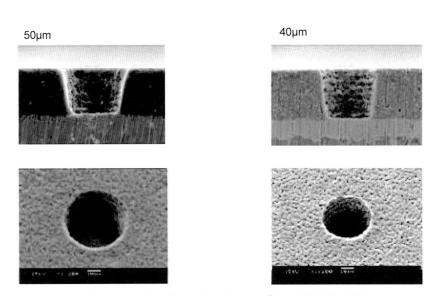

図7.16　CO_2 レーザー（$\lambda = 9{,}300\,nm$）によるプリント基板の穴あけ加工

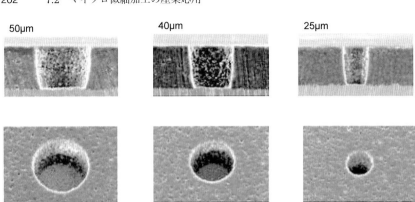

図7.17 UVレーザー（λ＝355nm）によるプリント基板の穴あけ加工（写真提供：三菱電機㈱）

とは言え，紫外レーザーは銅箔で樹脂を挟み込んだものや銅箔を下面に敷いたボードの場合，銅箔に対しては吸収性や集光性がよいことや，小さい穴径のなど有利である．例として，波長 $\lambda = 355$ nm の UV レーザーによる加工例を図7.17に示す[1]．穴径は $\phi 50 \mu$m から $\phi 25 \mu$m の穴径まで実現している．なお，微小な穴径がどこまで進むかは不明であるが，導通のためにメッキ処理などを考えた場合には，おのずと穴径にも限界があるものと思われることから，これ以下の微小穴径については今後に議論されるであろう．

7.2.4　エキシマレーザーによる表面剥離加工

(1)　エキシマレーザーと加工装置の概要

エキシマレーザーは特徴のあるレーザーで，励起状態にある原子と基底状態にある原子が作り出すエキシマ（励起錯合体）と呼ばれる励起状態の分子が，光を放って元の状態（解離状態）に戻ることを利用した化学反応的なレーザーである．Ar，Kr，Xe などの希ガスが基底状態では不安定で，励起状態で安定する2原子分子でハロゲン化された状態においてのみ存在する．

稀ガスは反応性に乏しく化合物を作りにくい原子であるが，励起状態では反応性が増し，フッ素や塩素などのハロゲン原子と結合して分子を作る．寿命が短いので紫外光を発してすぐに元の基底状態に戻る．

エキシマレーザー加工機出は，発振器からでた光はアティネータを通して出力が調整され，ホモライザーによって光の強度分布が均一化される．次に，その光は一定の矩形面積の領域で構成されたスリットを通過した後，結像光学系まで導かれて最終的に加工テーブルに至る光学的経路（光路）をとるのが一般

基本的な光学系

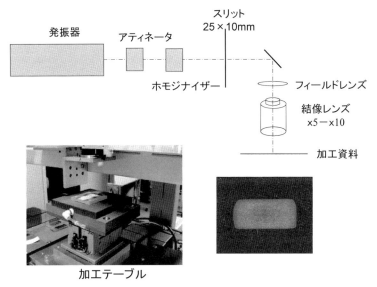

図 7.18　エキシマレーザーの加工光学系と加工テーブル（中央大学 新井研究室共同研究資料）

的である．エキシマレーザー装置の光学系を図 7.18 に示す[1]．エキシマレーザーの光強度分布は矩形-ガウス分布にも類似しているが，幅があり全体的に矩形に近い両者の中間的なエネルギー分布である．その床面積はほぼ矩形である．エキシマレーザーのエネルギー強度分布の測定例を図 7.19 に示す．

　エキシマレーザーなどの紫外レーザー光による材料加工では，光子エネルギーが極めて高く，加工時の反応時間は瞬間的で局所的に起こり，それによって材料の反応による損傷を局所的に抑えることができる．発熱を抑制できるため反応は低温で進行するという特徴をもっている．一般に，反応時間は 10^{-12} 以上でありプロセス温度は $10^2 \sim 10^3$ °C と低温であることが多い．加工の事例を以下に示す．

(2)　高分子材料のアブレーション加工

　エキシマレーザーによるアブレーション加工として，樹脂の表面加工を扱う．エキシマレーザーの波長は $\lambda = 248\,\mathrm{nm}$ の KrF（フッ化クリプトン）レーザーで，パルス幅は 20 ns である．また，KrF レーザーの光子エネルギーは 114 kcal/mol（5.0 eV）とされている．

　平ケーブルやワイヤーなどにように金属などの上に樹脂層や皮膜がある場

204   7.2 マイクロ微細加工の産業応用

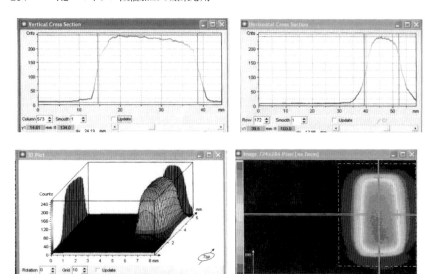

図7.19 エキシマレーザーのエネルギー強度分布（写真提供：コヒレントジャパン㈱）

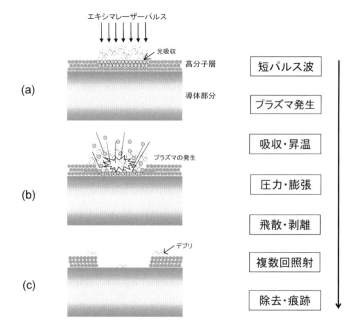

図7.20 エキシマレーザーのアブレーション加工

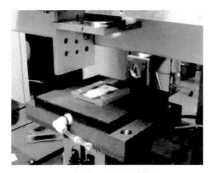

a) レーザー照射前   b) レーザー照射時

図 7.21　加工時の発生プラズマ

合，この樹脂層や皮膜の除去を意図することがある．特に，細線などの被覆を除去することをワイヤストリップ（wire strip）などという．一般化のために，銅材やアルミ材などの金属表面に樹脂や他の高分子材料が付着している場合をモデルに除去加工のメカニズムは図 7.20 に示す．短パルスのエキシマレーザーによる照射で高分子層はレーザーを吸収し，瞬時にプラズマ発生を伴って昇温する．それと同時に発生する衝撃波（圧力波）によって樹脂層が剥離される．このとき剥離は一度に行われるのではなく，回数を重ねることで表層から徐々に剥離される．

　加工時のプラズマ現象を図 7.21 に示す．図中の a) はレーザー照射前の写真で，b) は照射とともに発生したプラズマの瞬間写真である．また，図 7.22 には CCD カメラモニターによるアブレーション加工の観察である．表面が順次剥離されて下地の金属が現れてくる様子がわかる．この場合は 5 秒後には表面が剥離されている．

　平ケーブルによる材料表面のアブレーションの事例を示す．図 7.23 に樹脂コート膜厚が 5 μm のサンプルでショット数と剥離の状況を見た．パルスエネルギーが 400 mJ/cm^2 の場合はおよそ 150 ショット程度でほぼ剥離が完了している．これに対して，パルスエネルギーが 250 mJ/cm^2 の場合は剥離まで 200 ショット（shot）で表面が剥離している．このことは，パルスエネルギーが弱めの 250 mJ/cm^2 の場合，表面剥離まで 200 ショットで，ワンショット（one shot）当たりの平均除去量は 25 nm であり，パルスエネルギーが強めの 400 mJ/cm^2 の場合は剥離まで 200 ショットを要したので，1 ショット当たりの平均除去量は 33 nm だったことになる．パルスエネルギーが強い場合にはとショット数（剥離時間）は少ない．

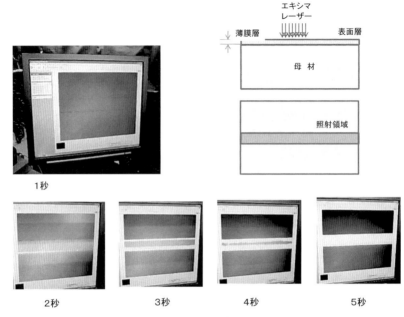

図7.22 CCDモニターによるアブレーション加工の観察

樹脂コート膜厚5μm　　400 mJ/cm^2

 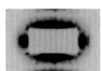 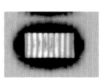 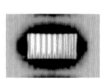

① 50 shots　　② 100 shots　　③ 150 shots　　④ 200 shots

図7.23 照射回数と表面状態の観察

この加工では樹脂であるために加工部周辺に煤の発生で表面黒化が見られる．図7.24には，表面に煤が付着した加工直後の加工品とその後に炭化面を次亜塩素酸ナトリウムなどで薬品処理した加工品を示す．残渣の樹脂の有無で表面は黒ずむが，剥離された部分はきれいに下地の金属が露出している．なお，エキシマレーザーの加工では，「たたく」という表現が使われる．これはプラズマの発生とそれに伴う衝撃波により加工中にパチパチと音が発生するためである．

高分子材料ではアブレーションが生じるとされる．このアブレーションは波長の短いレーザーの光子エネルギーに関係している．ここで，若干，光子エネ

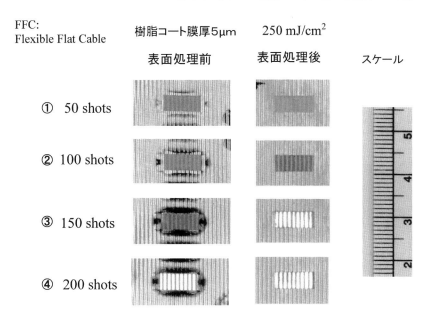

図7.24 加工後の表面状態と後処理

表7.1 エキシマレーザーの光子エネルギー

	媒質ガス(A, B)	波 長 [nm]	光子エネルギー [eV]	光子エネルギー [kcal/mol]
エキシマレーザー	ArF	193.0	6.4	147.2
	KrF	248.0	5.0	114.1
	XeCl	308.0	4.0	92.2
	XeF	351.0	3.5	81.1

表7.2 高分子材料の結合エネルギー

化学式	光子エネルギー [kcal/mol]	化学式	光子エネルギー [kcal/mol]	化学式	光子エネルギー [kcal/mol]
C−C	84.3	C−Cl	76.9	O−H	109.0
C=C	140.5	C−N	63.6	H−F	134.9
C−H	97.8	C−O	76.4	H−Cl	101.9
C−F	115.2	C=O	117.5	N−H	91.9

ルギーについて述べる．光子エネルギーは光（電磁波）のもつエネルギーで，光の速さや振動数（波長の逆数）によって決まる．したがって，波長のもつ光子エネルギーは3章の式(3.31)によって求めることができる．高分子材料の光子エネルギーはレーザーのもつ光子エネルギーに近いか高いためアブレーショ

ン加工現象が生じやすい．特に，炭素主体に構成されている高分子材料などでは原子間の化学結合エネルギーは，おおむねエキシマレーザーの光子エネルギーの値が近いことから高分子材料の分子間結合を解離するに足るエネルギーを有する．そのため，高分子材料の原子・分子の化学結合を熱によらず直接を絶ち切ることができる．3章でも示したが，再度 mol 表示を含めて，表7.1には式(7.3)によって求めたエキシマレーザーの光子エネルギーを示す．また，表7.2には高分子材料の結合エネルギーを示す．

7.2.5 炭素繊維強化プラスチックの切断加工

炭素繊維強化プラスチックは軽量で高強度材料であるので，航空機，風力発電，圧力容器，自動車などの各業界で用いられている．炭素繊維強化プラスチックには熱硬化プラスチック（CFRP）と，マトリックス樹脂の熱可塑性プラスチック（CFRTP）とがある．現状では，CFRP がほとんど9割以上を占めるが，CFRTP は自動車向けに大きく急激に伸びている．

自動車業界では強度が高い上に大幅な軽量化が期待でき，低燃費で環境配慮にも対応できることから，構造部品の炭素繊維強化プラスチックの応用が伸びている．炭素繊維強化プラスチックは加工が難しく種々の加工法が検討されてきたが，レーザー加工にも大きな期待がある．ただし，概して生産能率と熱損傷領域の最小化が大きなテーマとなっている．

筆者らの実験で，波長 $\lambda = 532$ nm のナノ秒の第2高調波レーザーで，1.7 mm の CFRTP を出力が材料面で約 55 W，走査速度が 2 m/s，繰返し周波数 100 kHz で切断した場合，約 500 回前後で切断され 900 回～1,000 回で加工面のきれいな切断面が得られている．その結果を図7.25に示す．$L = 100$ mm の CFRP の場合，単純に全面切断に要する時間は約 28 秒であるが，高品位の断面を得るまでの時間は平均で約 50 秒かかった．その結果，加工速度は 2 mm/s（0.12 m/min）が得られたことになる[1]．また，切断面の直角度は $\alpha = 86.067 \sim 89.958°(\approx 90°)$ でほぼ直角の断面が得られる．図7.26に得られた直角度と面あらさの結果を示す．面あらさは測定箇所や積層面の場所で多少異なる．参考値として，測定の対物レンズの倍率×100 では，平均面あらさ $Ra = 1.570 \sim 1.713$ μm を得た．溝などがある場合には若干大きくなることがあるが，概して数 μm 以内に収まっている．

この加工資料の熱影響を検証するためにマイクロ X 線 CT スキャナー（ヤマト科学㈱：TDM1000H-II）により測定した．その結果，母材への熱損傷深さは約 0.028 ～ 0.037 であった．その結果を図7.27に示す．ただ，CFRP は複合材料で炭素繊維（束），樹脂，高靭性材料などからなる．炭素繊維が方向

第7章 短パルス微細レーザー加工の現状　209

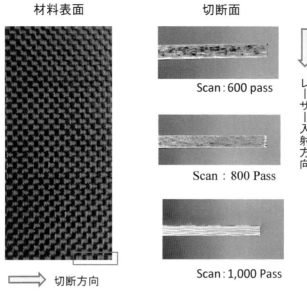

図7.25　スキャン回数による表面の変化

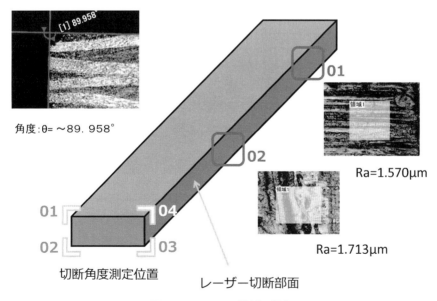

図7.26　CFRPの切断特性の測定

210   7.2 マイクロ微細加工の産業応用

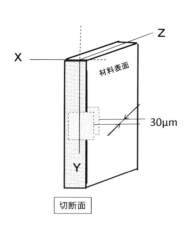
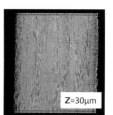
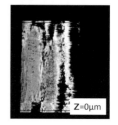

図 7.27　X 線 CT 測定による表面損傷と内部健全層の写真

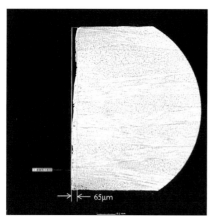

表面凹凸を含んだ熱劣化層　$x = 65\,\mu m$
図 7.28　表面凹凸を含んだ熱劣化層（X 線 CT 測定）

性を変えて積層されている関係で，切断面では加工性の違いから若干のうねりのような凹凸が見られる．一例として，これを含むと最大出っ張りから内部の熱損傷が消える面までは 65 μm であった（図 7.28）．

　ちなみに，公表されている短パルスレーザーを用いた諸外国の板厚と加工速度，熱損傷などのデータによれば，英国，マンチェスター大学の 2010 年の報

告では，ナノ秒レーザー（波長：355 nm，パルス幅：2.5 nm，周波数 40 kHz，平均出力 10 W）で，板厚 1 mm の場合，最大加工速度は 0.2 m/min で切断している．また，ドイツのアーヘン工科大学の 2013 年の報告では，ピコ秒レーザー（波長：1 μm，パルス幅：10 ps，周波数 200 kHz，平均出力 30 W）で，板厚 2 mm の場合，最大加工速度は 0.014 m/min で切断している．ともに熱損傷の深さは 50 μm 以下としている．なお，この種のデータは材料の微細構造の違いや測定装置が異なることなどがあるため，一概に比較することはできないことに注意を要する．

　一般に，短パルスレーザーの場合には，出力は低く何回も往復（scan）して徐々に切断する形式を取る．そのため，切断速度はやや遅いが，加工断面の品質は優っている．これに対して，赤外レーザーの場合にはワンパス加工が可能で，切断速度が数～十数 m/min と速いが，加工面にストレート性（直角度）はなく，熱影響は数ミリからよくてサブミリメートルとなる．切断面の品質が劣ることから，それなりの後処理を含めた 2 次加工が必要となる．熱分解，熱劣化などの熱損傷は，概して赤外線で生じやすいが加工速度は速い．それに対して，熱損傷の少ない切断面の品質を求めると加工速度（生産性）は犠牲になる．現状ではトレードオフ（trade-off）の関係にあると言わざるを得ない．

7.3　マイクロ微細加工の課題と展望

7.3.1　フェムト秒レーザーの機械加工への応用

　超短パルスレーザーのよる応用模索の中で，アブレーション現象を機械加工への適応が検討されている．対象は微小な部品加工で，工作機械や加工用工具では困難な加工にレーザーを応用するもので，従来の機械加工の延長上に位置するような超短パルスレーザー加工の応用とも言える．加工効率やコスト面などを含めてさらに改善が必要であるが，レーザーでしかできない加工でもある．本書の 3 章 5 節で扱ったような圧力波（衝撃波）を塑性加工に応用しようとした試みである．以下に事例を取り上げる[2]．

（1）　かしめ加工

　かしめ加工（rivet joint）は金属の塑性変形を利用して部品同士を固定する方法で，機械加工の中でも最も古典的な手法に属し，リベット締めの場合のように鉄板の縁をたがねで打つなど加圧することにより素地と密着させ接合する方法を言う．これを超短パルスのレーザーによる衝撃波の圧力で微細なかしめを施すもので，片隅の一部分をかしめる「局所かしめ」と，縁の周りをかしめる「円周かしめ」などが行われた例を図 7.29 と図 7.30 に示す．このうち，ア

212   7.3 マイクロ微細加工の課題と展望

純アルミ箔

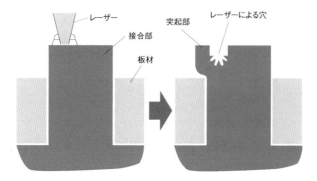

図7.29 フェムト秒レーザーによるかしめ加工の概念図

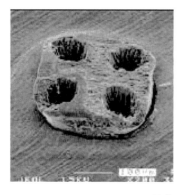

局所かしめ

目盛：100 μm

円周かしめ

> パルスエネルギー：**100 μJ**，繰返し発振周波数：**100 Hz**
> スポット径：**70 μm**
> 走査速度：**0.2 mm/s**，円走査の回数：**40 周**
> 照射雰囲気：水中，表面被膜：なし

図7.30 フェムト秒レーザーによるかしめ加工の事例

第 7 章　短パルス微細レーザー加工の現状　213

純アルミ箔

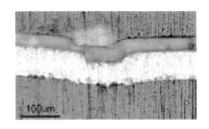

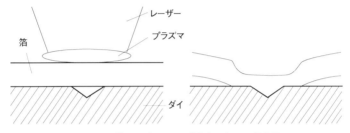

図 7.31　フェムト秒レーザーによる輪郭転写加工の概念図

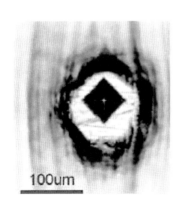

パルスエネルギー：150 μJ，繰返し発振周波数：1 Hz
スポット径：100 μm，照射パルス数：120，
照射雰囲気：水中，表面被膜：なし

図 7.32　フェムト秒レーザーによる輪郭転写の加工事例

7.3 マイクロ微細加工の課題と展望

純アルミ箔、ステンレス箔

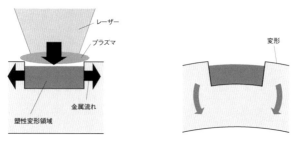

図 7.33　フェムト秒レーザーによる曲げ加工の概念図

パルスエネルギー：200μJ，　繰返し周波数：500Hz or 1kHz
スポット径：40μm，　走査速度：5mm/s
照射雰囲気：空気中，　表面被膜：無し

図 7.34　フェムト秒レーザーによる曲げ加工の事例

ルミ材を用いて円弧状のかしめを行った例での加工条件は，パルスエネルギー 100 μJ，スポット径 ϕ 70 μm，繰返し発振周波数 100 Hz，さらに走査速度 0.2 mm/s で，照射雰囲気は水中で円状の走査回数は 40 周であった．

(2) プレス加工

金属プレス加工のうちで，加圧装置のプレス機械で金属材料を金型面に押し付けて金型形状を金属材料に転写する加工法があるが，これを超短パルスレーザーで発生する衝撃波で代替させようとする試みである．いわゆる型押プレス (stamping press) に相当する．衝撃波を正しく伝えるために照射雰囲気は水中で行われた．輪郭転写加工の代表的な条件は，パルスエネルギー：150 μJ スポット径：100 μm，繰返し発振周波数：1 Hz 照射パルス数：120 回，加工

時間 1 個当たり約 2 分程度を要する．その例を図 7.31 と図 7.32 に示す．

(3)　曲げ加工

　曲げ加工（bending）は，塑性加工の基本的な工程でもあるが，曲げる種類や目的によって折り曲げ，R 曲げなどと区分されている．形状をもった固定工具に材料を押し当てて，工具の形状に材料を馴染ませて曲げる方法である．プレスやプレスブレーキなどの機械で型曲げは行われる．主に V 型のダイ（die）の上に板材を乗せて上からパンチ（punch）で押して板材を変形させる加工を，超短パルスレーザーの衝撃波で曲げ加工を行った例がある．代表的な加工条件は，パルスエネルギー 200 μJ，スポット径 40 μm，繰返し発振周波数 500 Hz or 1 kHz，走査速度 5 mm/s で，照射雰囲気は空気中である．変形量によるが加工時間 1 個当たり約 1 分〜 30 分 を要するとしている．その例を図 7.33 と図 7.34 に示す．

7.3.2　ピーク出力と加工

　短・超短パルスレーザーのピーク出力の値が加工に直接及ぼす影響および加工に寄与するかは定かではない．なぜなら計算上の値がどの程度，またはどのように加工に影響するかが分かっていないためである．ピークの出力が加工に何らかの影響を与えることは確かであるが，計算で求められた針の先のように極めて細くシャープなピークの値そのものと言うよりは，一定のトータル出力（総エネルギー）があって初めて加工に効果が発揮される．すなわち，高ピークの影響はあるが，計算によるピーク出力の値そのものが直接加工を決定しているのではないと考えられる．

　ピーク出力が有効に作用するのは非線形過程である．例えば，2 光子吸収による加工で透明なガラスの中にスポットサイズより小さい線幅で線が描けることや，LED 基板のサファイヤがフェムト秒のパルスで基板の中にレーザー光を結像させることで線を描き，これに沿って折り曲げて分離する方法で，数百 μm 角に切り分ける事例などがある．これらが可能なのは高いピーク出力値をもつ集光部でプラズマが誘起される結果でもある．

7.3.3　マイクロ微細加工の課題

(1)　レーザーによる微細加工の方法

　レーザーによる加工の微細化では，いくつかの方法がある．それにはまず，レーザーの選択がある．レーザーの選択は，加工の精度重視か能率重視かにもよるが，微細な加工を施す目的のためには，対象となる材料の材質や厚みに応じて，短パルス，短波長レーザーの選択や高ピークレーザーの，微小スポット

216   7.3 マイクロ微細加工の課題と展望

表 7.3   微細化への方法

・レーザーの選択
  ① 短波長レーザー
  ② 短パルスレーザー
  ③ 高ピークレーザー
  ④ コア径の小さいファイバレーザー
・ピーク値の高いものを用いる
・超短パルスレーザーの応用
・光学的な工夫
  ① サイドローブのカット
  ② 整形波形の利用
  ③ 回折格子（ビームスプリッタ）
  ④ 回折限界以下の創世
      円錐型ファイバー端に金メッキ（自己集束）

表 7.4   微細加工の現状での問題点

フォントコスト	一般に加工装置が高価
スループットの向上 （高平均出力）	① 小加工量 ② 小領域 ③ 低加工速度
装置の安定化	① 出力 ② 周波数 ③ 温度依存 ④ 光学部品の劣化

径などの適正な選択が必要である，また，レーザーの選択以外にも，光学的な工夫は必要な場合もある．現状での微細化の方法を表 7.3 に列挙した．

(2)   レーザー微細加工の問題点

産業に応用するに際して現状での問題点を考える．ます，単位時間当たりの処理能力であるスループットが挙げられる．現状では加工時間が多めにかかるという問題がある．これは，微細加工用レーザーは加工領域や加工量が小さく，加工速度は遅いことに起因している．しかし，レーザー以外の方法で不可能または代替技術では精度が上がらないものに対しては，唯一有効な手段であることには違いない．表 7.4 には産業応用における現状での問題点を示す．

微細加工用レーザーは現場での歴史が浅く部品の安定化や加工システムの信頼性に若干の難があった．そのため，研究室では大事に扱われてきたことも事実であるが，工場内などフィールドでの装置の安定化と信頼性の向上が一層望まれる．発振器の研究開発によって，最近の装置の信頼性は以前よりはるかに向上した．変換効率や関連部品に信頼性が増すにつれて，今後はこれらの課題が高度に改善されるものと思われる．

表7.5　微細加工の限界

光の限界
　① 回折限界
　② ピーク値（パルス幅の極小化）の有効性

被加工材の限界
　① 穴径の限界
　　→加工後の後工程での問題
　② エネルギーと反応

表7.6　超短パルスの加工上の留意点

・高出力エネルギーを必要としない加工
・微小領域での微視的作業の加工
・箔や超薄板での応用加工
・マイクロ除去の加工
・表面局所での加工
・他に競合のない分野での加工
・デブリ発生とその対策を考慮する必要
・代替技術に勝るような利点を見出すことが必要
・レーザー加工の原理を熟知すること

(3)　微細加工の限界

　微細加工技術がさらに進んでも製品応用では対応できないものもある．例え
ば，現在のビア加工では $\phi 25\,\mu$m までの微細穴あけ加工が可能であるが，そ
れ以下にした場合には，穴の壁面に金属でメッキして通電する導通技術が対応
できないなど技術的な限界が生じることが想定される．さらに，光学系でのレー
ザー光の集光には回折限界があるが，現状ではごく薄板でも精密な最小穴径は
$\phi 20\,\mu$m 程度である．表7.5 にはレーザーによる微細加工の限界を示した．も
ちろん，これが最終的なものではない．将来はそれに対応できる技術的なソ
リューションが見出だされることもあり得る．これはエンジニアリングの宿命
でもある．

(4)　超短パルスの加工上の留意点

　超短パルスレーザーによる応用の可能性は無数にある．また公表は少ないが，
企業や研究機関での活発な応用の模索は水面下で続いている．超短パルスレー
ザーによる加工は万能ではない．その分，レーザーの適応に当たっては，加工
の原理と限界を知ることは重要である．その上に，ちょっとした工夫も大切で
ある．そのことによってブレークスルーにつながるからである．表7.6 には超
短パルスでの加工上の留意点を簡単にまとめた．微細な加工が無接触で行える
加工のメリットを見出すためには何のためにレーザーを用いるかよく理解し検
討する．将来にわたってあらゆる製品の小型化薄型化は間違いなく進んでいる

ことに鑑み，研究分野では単なるトライではなく，継続により有効な手段へと技術的に昇華させるなど，適した応用を探し当てることが重要である．それがイノベーションにもつながる．光加工にはまだまだ開発の余地と可能性は十分にあるのである．

参考文献
1) 中央大学 新井研究室共同研究資料
<かしめ接合>
2) 鷲坂芳弘，神谷眞好，松田稔，太田幸宏：フェムト秒レーザー照射による衝撃波を利用した微細かしめ接合法の提案，日本塑性加工学会誌 塑性と加工，vol.49，No.574，pp.1091-1095（2008）
<輪郭転写>
3) 鷲坂芳弘他：フェムト秒レーザー照射による衝撃波を利用した金属箔への微細輪郭の転写，平成20年度塑性加工春季講演会講演論文集，pp.167-168（2008）
<薄板曲げ>
4) 鷲坂芳弘，神谷眞好，松田稔，太田幸宏：フェムト秒レーザーを用いたレーザービームフォーミングによる薄板の曲げ加工，日本塑性加工学会誌 塑性と加工，vol.50，No.584，pp.866-870（2009）
5) 鷲坂芳弘，神谷眞好，松田稔，太田幸宏：フェムト秒レーザによるレーザビームフォーミング ―薄板曲げ加工での照射条件と予備曲げの影響―，精密工学会誌，vol.75，No.12，pp.1449-1453（2009）

写真提供
（ポリイミド切断）澁谷工業株式会社
（ビア加工）三菱電機株式会社
（λ＝355nm 微細加工）コヒレント・ジャパン株式会社
（KrF エキシマレーザー λ＝248nm）コヒレント・ジャパン株式会社

第8章

微細加工用短パルスレーザーの安全

8.1　安全基準		**220**
8.1.1　規格および基準の動向		220
8.1.2　日本の JIS による安全基準		220
8.2　安全の目安		**221**
8.3　加工と安全		**223**
8.3.1　レーザーと安全		223
8.3.2　レーザーによる障害		224
8.4　加工時の安全対策		**225**
8.4.1　レーザー光に対する安全		225
8.4.2　レーザー作業の安全		226
8.5　その他の安全対策		**228**
8.5.1　安全予防の実施と定期点検		228
8.5.2　日常安全衛生の奨励		228

8.1 安全基準

8.1.1 規格および基準の動向

　レーザー装置の安全な普及のために，レーザー機器の取扱いや安全に関する検討が関係各省庁でなされていた．昭和 58 年（1983 年）には 中央労働災害防止協会による「レーザー光線の安全衛生基準に関する調査研究委員会」が設置され，昭和 60 年（1985 年）には，レーザー加工機の安全衛生対策研究委員会の設置などを経て，1986 年には労働基準局による基発第 39 号「レーザー光線による障害防止対策要綱」昭和 61 年通達がなされた．レーザービームは労働省安全衛生規則第 567 号（有害原因の除去）における有害光線に該当するが，具体的な処置は定められていない．ただし，委員会の答申では事業所の規模別に望ましい組織体制などを具体的に示したものがあり，1 つの指針を与えている．

　一方，1984 年に制定された IEC（国際電気標準会議），TC76 委員会，IECC Pub 825（レーザー機器の放射安全，機器の分類，要求事項および使用者への指針）を基にわが国では通産省工業技術院，日本工業標準調査会による JIS C 6802「レーザー製品の安全基準」が制定された．それに伴って，基発第 0325002 号，「レーザー光線による障害防止対策要綱」（改訂版）が厚生労働省労働基準局から発令された．これによりレーザー製品のクラス分けについては一部改正され，レーザー製品の安全から人体を保護することを目的にしてクラス分けなどが国際基準に近づけられた．

8.1.2 日本の JIS による安全基準

　厚生労働省通達「レーザー光線による障害の防止対策について」はレーザーを用いた作業における安全予防対策の具体的内容を，レーザー機器のクラス別に定めている．このクラス分けでは生体組織に及ぼすレーザー光の熱的影響と光学的影響に分けられ，従来の 5 段階（1，2，3A，3B，4）から 7 段階（1，1M，2，2M，3R，3B，4）に細分化された．表 8.1 に新たに設定されたレーザー装置のクラス分けを示す．これらは欧州の安全標準となっている EN-60825 国際電気委員会により IEC 60825 の内容と同じで，JIS C 6802：2005 版はこれに準拠している．さらに，JIS C 6802：2014 版が発行された．これら製品の情報はレーザー製造者から提供される．また，旧来の"使用者への指針"は，労働基準局の基発第 0325002 号「レーザー光線による障害防止対策要綱」としてそのまま拘束力をもつものと解釈されている．

第 8 章　微細加工用短パルスレーザーの安全　　221

表 8.1　レーザー装置のクラス分け

・クラス 1 　　：長時間被ばくしてもまったく影響を与えないパワーのレーザー
・クラス 1M：光学機器を用いずに覗き込まない限り安全パワー
・クラス 2 　　：可視光線に限定した安全なパワーのレーザー 　　　　　　　目に嫌悪反応が期待できるクラス 1 より大きいパワーのレーザー
・クラス 2M：可視光線に限定した安全なパワーのレーザー 　　　　　　　光学機器を用いずに覗き込まない限り安全パワー
・クラス 3R：直接光路内に入ると危険なパワーのレーザー
・クラス 3B：光学機器を用いて直接光路内に入ると危険なパワーのレーザー
・クラス 4 　　：レーザー光路，および反射・散乱光も危険はレーザー 　　　※それぞれのクラスのレーザーには許容出力限界値が設定されている．

8.2　安全の目安

　レーザー装置は危険度に応じて 7 段階のクラスに分けられたが，クラス 1 は，合理的に予見可能な運転状況下で安全である 302.5 nm ～ 4000 nm の波長範囲の光を放出するレーザーで，光学系で覗かない限りは安全なレベルである（ただし，室内利用が原則）．また，クラス 2M は，可視光のみに規定され，眼の保護は「まばたき」などの嫌悪反応により行われることにより安全が確保されるレーザーで，光学系で覗かない限りは安全なレベルである．この数値の設定根拠は，50 ％が障害を受けるレベル（レーザー光密度など）の 1/10 と言われている．「50 ％の個体が障害を受けるレベルの 1/10 のレベル」でありこのレベル以上で障害を受ける可能性はほとんどないとされている．

　製造者側の立場からは AEL（Acceptable Emission Level）値が重要で，それによってクラスを分類している．AEL は被ばく放出限界を意味し，レーザー光線の波長と放射持続時間に応じて，人体に許容されるレーザー光線の最大被ばく放射レベルを言う．また，ユーザである作業者側からは MPE（Maximum Permission of Exposure）が規定されていて，常にこの値以下で作業をする必要が生じる．MPE は最大許容露光量で，体への露光が安全とされるレーザー放射レベルの最大値を意味する．その値は人体への照射による障害発生率が 50 ％となるレベルの 10 分の 1 と定められている．MPE の値は，目に対するものと皮膚に対するものとに分けられ，波長と光時間をパラメータとしてパワー密度またはエネルギー密度で定義されている．

　装置メーカの立場からは，MPE が高く設定できる程安全領域は広がるが，作業者の立場からは，MPE の設定値より低い範囲での作業が必要でこの値を超えると危険である．安全と危険の表示の違いはユーザかメーカかの立場により変わる．

　レーザー機器を安全に使用するため，JIS C 6802「レーザー製品の安全基準」

8.2　安全の目安

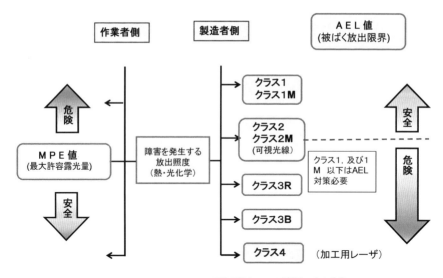

図 8.1　レーザー加工と装置における安全対策

代替のラベル

従来の警告ラベル及び説明ラベルの代わりに代替ラベルを製品に貼付してもよい

クラス4の代替のラベル

レーザ開口部の代替のラベル

図 8.2　微細加工装置における安全対策

により，クラス分けがされている．使用する機器にはクラス表示がされているので，必ずレーザー機器のレーザークラスを確認する必要がある．微細加工用レーザーであっても，加工用レーザーはほとんどが「クラス4」に属する．図8.1には，レーザー加工における安全対策として，製造者側と使用者側から見た安全対策を図示する．

　なお，高出力レーザークラスを表示したラベルまたは代替ラベルを本体に貼り付けることになっているが，微細加工用レーザーに区分したレーザーの中には，仕様書や取説以外に機器本体にはラベルを貼って表示しないことが多い．参考に図8.2には添付ラベルの例を示す．

8.3　加工と安全

8.3.1　レーザーと安全

　微細加工用のレーザー機器は機能が向上し出力も増大している．これにより短パルスレーザーの応用分野も広がりを見せている．しかし，出力が増大した分，レーザー機器の取扱いに起因する危険性も増している．

　レーザーの安全はレーザー機器を設計開発する立場にある技術者・製造業者のレーザー機器に対する安全規格を遵守することは勿論であるが，実際に加工を行う立場にある作業者や現場の管理者も十分に安全を考慮しなければならない．総合的な安全の基本は，メーカ側に科せられる安全対策として安全設計であり，次に導入者側の安全対策として安全管理であり，実際に作業を行う作業者の安全作業である．このように，レーザー安全には3つの要素が相互に関連している．

　一般に加工機は，発振器から取り出された光が何枚かの光学的中継点（ミラー）を介して加工ステーション（加工テーブル）まで伝送されるまでの加工システム全体を言うが，加工機の安全という場合には，レーザー発振器の形態や出力レベル，適応される光学系や加工の種類も異なることから，安全面からは独自の対策や運用も不可欠である．ここでは，産業用微細加工レーザー発生装置を用いた場合の加工時の安全対策について，実践的な立場からその留意点ならびに対策について述べる．

　ここまで述べてきたように，微細加工では可視光レーザー，近赤外光レーザー，赤外レーザーとほとんどのレーザーが使用されるが，そのうちマイクロ微細加工では $1\,\mu$m 帯より短い波長の発振器が多用され，レーザーがその主流を紫外線レーザーが占めている．人体保護の立場から，JIS C 6802 で規定されている波長範囲は $\lambda = 180$ nm から 1 mm であるが，産業用レーザーでの範

224   8.3　加工と安全

囲の上限はほぼ 10.6 μm（10,600 nm）までである．その障害は眼と皮膚に大別される．

8.3.2　レーザーによる障害

(1)　目の障害

　人間の目は生体レンズを備えている．そのため，波長によるが外部からの光は網膜に集光する．不可視域（400 nm 以下）および波長 $\lambda = 1{,}400$ nm 〜 1 mm では，大部分が角膜の表面で吸収され，一部透過した部分が水晶体で吸収される．高出力の紫外線レーザーに晒されると光化学作用により生体組織が損傷され，短時間では角膜の炎症が起こり，長時間では光化学作用による白内障を発症する場合がある．

　可視光域（400 〜 700 nm）については，目がレーザーに晒されるとすぐに眩しさを感じ瞬きによる防御反応を示すが，その時間は約 0.25 秒と言われ，その間にレーザー光は眼に入ってしまうので危険である．この場合，出力が安全の範囲はおおむね 1 mW 以下である．それ以上の出力では，生体レンズで集光し網膜に達するため局部的に熱損傷を受け，永久的な目の障害となりやすい．近赤外線域（700 〜 1,400 nm）では，可視光域と同様に網膜までレーザーが達する．この波長範囲は不可視域であるため，気が付かないことが多いので損傷を受けやすく大変危険である．

(2)　皮膚の障害

　皮膚の障害は主に近赤外を含む赤外線で生じる．赤外線は熱作用である．また，紫外線の波長 $\lambda = 230$ nm 〜 380 nm の範囲で，皮膚の炎症（火傷），皮膚がんを生じることがあり，老化促進を招くことがあり，特に，UV 光の中で波長 $\lambda = 280$ nm 〜 315 nm の範囲の UVB（紫外線 B 波）が特に有害とされて

表 8.2　レーザーと傷害例

波　　長（nm）	障害の種類		該当レーザー
	眼	皮膚	
紫外線 （100 〜 355）	角膜障害	紅疹（日焼け） 皮膚老化，色素増加	エキシマレーザー 第 2 高調波
紫外線 （315 〜 400）	角膜障害 白　内　障	色素の黒化	エキシマレーザー Ar イオン，第 3 高調波
可視光線 （400 〜 800）	網膜損傷	火傷	エキシマ/LD レーザー Ar イオン，第 2 高調波
赤外線 （800 〜 1400）	網膜損傷 白　内　障	皮膚の火傷	YAG，よう素，LD レーザー ファイバ & ディスクレーザー
赤外線 （1400 〜）	角膜損傷 白　内　障		CO レーザー CO_2 レーザー

第 8 章　微細加工用短パルスレーザーの安全　　225

表 8.3　パルス波に対する MPE 値

パルスレーザーによる加工は次の条件の MEP 値から小さい方を適応．
(1)　個々の単一パルスに対する MEP 値：MEP_{sgl}
(2)　パルス総数に対する平均値での MEP 値：MEP_{train}
(3)　パルス持続時間内での平均パワーの MEP 値：$MEP_{\Delta t}$

いる．レーザーによる目と皮膚の障害の一覧を表 8.2 に示す．

(3)　パルス波に対する MPE 値

　短パルスレーザーのほとんどはパルス発振である．周波数の高い高繰返しであるため，種々の MPE 値が存在することになる．その値には，ⅰ）個々の単一パルスに対する MEP 値（MEP_{sgl}），ⅱ）パルス総数に対する平均値での MEP 値（MEP_{train}），ⅲ）パルス持続時間内での平均パワーの MEP 値（$MEP_{\Delta t}$）がある．この値は作業者側の安全を扱うので，数値に余裕をもって扱うのではなく，安全のためにパルスレーザーによる加工はこのうちの MEP 値から小さい方を適応する．改めて MPE 値の表 8.3 に示す．

　例えば，パルス持続属時間 5 ms で，繰り返し周波数 20 Hz，照射時間が 5 sec で加工している場合の計算では，

　JIS C 6082 2005：直接目露光に対する角膜における MEP 値を用いて計算すると，

　ⅰ）の MEP_{single} では 1.69 J/m^2
　ⅱ）の MEP_{train} では 0.54 J/m^2
　ⅲ）の $MEP_{\Delta t}$ では 3.00 J/m^2 が得られる．

　このうち，一番小さい値は(2)となるので，この場合の MPE はⅱ）の 0.54 J/m^2 が採用される．

8.4　加工時の安全対策

8.4.1　レーザー光に対する安全

(1)　レーザー管理区域の設定

　レーザー管理区域とは，レーザー光の放射の危険から人体を保護する目的で，区域内での業務活動が制御監視下におかれる領域であるが，加工時においてはほとんどがこの区域内での作業となることから，この領域全体を何らかの方法で囲いを設けることが奨励されている．さらなる安全のために，加工材料のセット，光学系の調整，あるいはメンテナンス作業を除いて，加工時にはオペレータが囲いの外部からの遠隔操作を行うことが望ましいとされている．実例を図 8.3 に示す．YAG レーザーにおいては，波長の関係で特に眼に対する厳重な保

図 8.3　微細加工装置における安全対策

護を要することから，波長に合った保護メガネの着用と，周囲へのレーザービーム放射を防ぐための遮蔽板で囲むなどの対策が必要である．レーザー装置の設置場所にはレーザー機器管理責任者，およびレーザー機器管理組織が明確となっている必要があり，緊急時の操作手順や連絡場所などが明示されていることも重要である．

(2)　レーザー機器取扱者の教育

　機器の取扱者については，教育訓練の規準を定め，当該任務に当たる場合には教育を適宜受けることが求められる．その内容は業務にもよるが，レーザーの原理，加工法，レーザー機器の概要，構造や動作，レーザーの安全基礎などを行うことが望ましい．なお「JIS C 6802」では，①システム運転の習熟，②危険防御手順，警告表示などの正しい使用，③人体保護の必要性，④事故報告の手順，⑤眼および皮膚に対するレーザーの生体効果など最小限の内容となっている．

8.4.2　レーザー作業の安全

(1)　加工時の光からの防御

　前述のごとく，$1\,\mu m$ 帯レーザーによる微細加工時は，レーザービームは眼には直接見えないために多くの注意を要する．加工時には，被加工材からの直接反射光や散乱光など反射光の他に，材料加工中に加工点から可視光や紫外光などの二次反射光が発生する．反射光の直接照射，すなわち反射してきた光で

図 8.4　微細加工装置における安全対策

も直接的に眼に当たった場合には失明の危険性がある．そのため保護メガネの着用が義務付けられている．ただし，保護メガネの役割はあくまで初期段階での防止であって，直接の長時間照射に耐えるものではないことに注意を要する．さらに二次反射光の中には，保護メガネを透過するものがあるので，やはり加工中に加工点の直視は避けたい．安全露光距離を越えて，さらにフィルターなど紫外線や可視光線用の対策を講じる必要があるだろう．

(2)　**加工時に発生するガス**

微細加工と言えども基本的には材料との熱反応であるので，材料によっては有害なヒュームや，時に有毒ガスが発生する場合がある．金属材料への照射でも微量の悪臭と粉塵発生する．ガス化されてものについては，排気ダストの設置や通気のよい作業環境にすることが大切で，特殊な材料成分の熱的な反応や燃焼反応についても十分な注意が必要である．特に，塩化ビニール，ポリカーボネート，アクリルなどの高分子材料，あるいはファイバーグラスや樹脂系の複合材料においては，有害または有毒ガスの発生があり得るので，特に大量あるいは長時間の加工をする場合には，必ず防塵，防毒マスクの着用や，作業場の換気対策を要する．図 8.4 には微細加工装置の安全対策例を示す．外周の光遮断対策とともに，発生ガスの対策も試みられている．

8.5 その他の安全対策

8.5.1 安全予防の実施と定期点検

　作業が安全にできるためには，環境を維持することが重要である．機械装置の定期点検作業を怠ることなく実施し，加工を安全に遂行するために，作業前点検，作業後の点検などの実施に加え，万が一に備えて，異常時の対応マニュアルなどの常備が必要である．安全障害や異常の履歴を記して再発の防止に努めることが安全衛生対策上，作業者にも安全管理者にも義務づけられている．

8.5.2 日常安全衛生の奨励

　作業環境をできるだけクリーンにし，実験後には手を洗い，うがいなどを奨励する．また，レーザー作業に限ったことではないが，溶融金属や金属粉による顔や眼などへの接触を避けるなどの対策が必要である．レーザー光線による障害を速やかに発見し対策するためには，定期的な視力検査や眼底検査などの衛生管理も必要である．

　レーザーにまつわる障害の多くは，以外にも多少取扱いに対する知識を有しているはずの企業の研究所，公的研究機関や大学などか，安全策がほとんど施されていない中小の作業現場に多いと言われている．前者には多少の油断と慣れが存在するが，これらはともに作業が主に管理区域内での作業が多く，光の波長が不可視の赤外光であることに起因している．

　安全基準には使用者への指針として，具体的に目の保護を目的に必要なめがねの光学濃度や保護着衣などが規定されていて，万が一の被ばくの場合における最大許容露光量（MPE）などが規定されている．また，作業においてビーム放射露光が角膜上で許容し得る距離を定めた公称眼障害距離（NOHD：normal ocular hazard distance）などが具体的に規定されている．一般の加工現場でのマニュアル通りのプログラム加工ではレーザー障害は非常に少ない．

　なお，基準の詳細は JIS の文献 2) を参考にされたい．

参考文献

1) 新井武二：レーザーを安全に使うために，——加工時の安全対策——，O plus E Vol.23, No.7, p.829（2001.7）
2) JIS レーザ製品の安全対策，JIS C 6802:2005（平成 17 年 1 月 20 日改正）
3) 石川 憲：レーザー製品の安全基準と作業安全，O plus E Vol.36, No.9, p.940（2008）
4) （財）光産業技術振興協会編：レーザ安全ガイドブック　第 4 版，新技術コミュニケーションズ，pp.131-177（2006）

あ と が き

　書名の『レーザー微細加工』とは新聞の見出しのようでやや不自然な日本語ではある．この意味はレーザーによる材料の微細加工であることは言うまでもないが，短く内容を理解するために，ここは関連分野でほぼ定着しつつある用語の慣例に従った．レーザー応用の模索が始まってほぼ半世紀近くが経過した．個人的には偶然にもレーザーの黎明期から加工技術に携わることができたものとして，高出力赤外レーザーの加工から始まって，ついには短波長・短パルス・超短パルスレーザーの加工の領域に接することができた．レーザー応用技術の発展の歴史と時代の流れの中で広い領域を扱うことができたことを嬉しく思っている．このことは取りも直さず，それだけ長い間この仕事に携わることができたからでもある．初期の 1980 年の頃は赤外レーザーが主流であった．その二十数年後に後発技術として短波長，短パルスレーザーが台頭した．多くの研究者や技術者の関心はこれらに向けられた．特に，ごく短時間の発振持続時間が加工にどのような変化をもたらすかという命題には大変興味がそそられたばかりでなく，従来の熱加工の代替技術として登場した大出力の赤外レーザーとは違った新たな可能性が見出されるに違いないという期待があったからである．その後，超短パルスレーザー発生装置が進化し安定してきた．それによって，主要な産業において徐々に応用への深化が見られた．

　そのような中にあって，改めて超短パルスレーザーによる応用加工を見てきた．アブレーション加工ついては，その特徴から多くの場合 "非熱加工" と称された．作用時間が極めて時間が短い分，加工量はごく僅かであり周辺は熱の影響をほとんど受けないため低熱ではある．しかし，これは熱が生じないという意味ではない．加工の立場から見れば，局部的でごく短時間のレーザーによる加工現象は，実際には通常の加工過程で起こる熱加工のごく初期の瞬間的な過渡現象であって，それを加工に利用しているに過ぎないのである．したがって非熱加工は熱が発生しないという意味ではなく，従来の「熱加工に非ず」の意味と捉えたい．正しくは非・熱加工であり，少なくとも非熱的加工と言うべきものであると思われる．

少々話が逸れるが，東北の岩手，山形などには有名な鋳鉄製の鉄瓶がある．昔は全国的に湯沸し用に鉄瓶が使われていた．幼少の頃に記憶した光景に，お年寄りが囲炉裏にかけた鉄瓶のお湯の沸き具合を測るのに独特のしぐさがあった．それは手先をなめて唾をつけ，素早く鉄瓶に触れるのである．そして短い時間で手に残る余熱の感触で「まだ沸いてね〜な」とか「ちんちんに沸いてんな」と言って判断した．その接触時間はおよそ 0.3 〜 0.5 秒程度ではないかと思われるが，ごく短時間なので指先が火傷することなく沸き具合を感覚的な経験則で確かめていたのである．まさに生活の知恵であるこの種の官能検査による「簡易測定法」は昔から行われてきた手法であるが，ここには超短パルスレーザーの加工現象に通じるものがある．

　レーザーの場合のほとんどは材料がレーザー光を吸収して発熱するメカニズムであるが，パルス幅が極めて小さい超短パルスレーザーでは，材料の発熱というよりは材料表面近傍で生じる誘起プラズマの発生による圧力と高熱を材料がごく短時間に受けることになる．このごく短い時間が微細な局部加工を引き起こしている．これは上の鉄瓶の話にも通じるものがある．湯の沸いた鉄瓶は高温であるにもかかわらず，局所でごく短時間なので指先にはほとんど伝わらないばかりか火傷や皮膚の変質もほとんどないのである．

　超短パルスによるレーザー加工の現象は熱の発生のない「非熱」と称するもので加工が生じているのではない．レーザー加工は紛れもない物理現象である．すなわち，レーザーによる微細加工は時間を関数とする瞬時の熱反応そのものである．このことを考えれば，自然界で生きている私たちの日常生活の中に多くのヒントがあるように思える．現状は加工事例が先行し，現象にまつわる理論といえばほとんど海外の研究論文を基にその解説記事が主流となっている．その意味では，本格研究はまさに始まったばかりであるとも言える．

　加工現象は単なる想像や推論だけでは駄目で，立証して初めて事実と認定できるのである．立証するには理論や数値を伴う実験データによらねばならない．エンジニアリングでの単なる事例的情報は時間とともに陳腐化し，それ自体価値を失うものもある．新たな発見や解明があれば，後からいくらでも塗り替えられるのがエンジニアリングの宿命であるが，その意味で原理的な加工の現象解明は重要であると言える．

　後に，新たな発見や知見に期待するところ大としながら，本書では現在まで明らかになっている事象を述べてみた．これがさらなる発展の契機になるか，批判を含めて微細加工へ何らかの一石を投じることができれば，それは望外の喜びとするものである．

　なお，末筆ではあるが，多くの実証実験でご協力いただいたコヒレント・ジャ

パン株式会社，およびトルンプ株式会社，株式会社リプス・ワークスの各社に
感謝申し上げる．また，内容の一部で引用させていただいた研究者の方々，な
らびに詳細なデータ資料と写真をご提供くださった各企業の方々に対し，深く
感謝の意を表する次第である．

　2017 年 12 月吉日

新 井 武 二

索　　引

1μ 帯レーザー ……………………… 142
AEL ……………………………………… 221
AM（付加製造）技術 ………………… 148
CO_2 レーザー ………………………… 140
KGW 結晶 ……………………………… 11
KYW 結晶 ……………………………… 11
MEMS ………………………………… 190
MPE ……………………………………… 221
YAG 結晶 ……………………………… 11
YLF 結晶 ……………………………… 19
YVO_4 結晶 …………………………… 19

●あ行

圧力波 ………………………………… 42
穴あけ加工 …………………………… 162
アブレーション ……………………… 57
アブレーション加工 ………………… 203
アブレーションプロセス …………… 59
安全基準 ……………………………… 220

エキシマレーザー ………………… 13, 202
エニイレイヤー ……………………… 200
エネルギーの配分 …………………… 73
エンボス加工 ………………………… 178

●か行

化学強化ガラス ……………………… 135
かしめ加工 …………………………… 211

加熱領域熱源 ………………………… 82
ガラス系材料 ………………………… 111
ガラスの切断加工 …………………… 125
ガラスの内部加工 …………………… 118

機械加工 ……………………………… 211
吸収係数 …………………………… 25, 39
吸収率 ……………………………… 25, 39
金属 …………………………………… 171

空洞 …………………………………… 119

蛍光プレート ………………………… 77

光子エネルギー ……………………… 55
高分子材料 ………………………… 175, 203

●さ行

桟幅 …………………………………… 3

消衰係数 ……………………………… 33
ショット数 …………………………… 171
浸透深さ ……………………………… 37

スクライビング ……………………… 127
スライスデータ ……………………… 150
スルーホール …………………… 192, 199

精密微細加工 ………………………… 140

精密微細加工の産業応用 ················ 145
石英ガラス ····························· 112
赤外レーザー ·························· 140
接触角 ································ 100
切断加工 ······························ 76
セラミックス系材料 ···················· 173
セルフブレイク ························· 125

粗密 AM ······························ 151

●た行

第 2 高調波 ···························· 12
第 3 高調波 ···························· 12
第 4 高調波 ···························· 12
多光子吸収 ···························· 26
単一パルス ···························· 28
炭素繊維強化プラスチック ·············· 208
短波長化レーザー ······················ 11
短パルス化レーザー ···················· 14
短パルスレーザーによる加工 ············ 190

チタンサファイヤレーザー ·············· 18
緻密仕上げ AM ························ 153
超短パルスレーザー ···················· 15

デブリ ··························· 59, 182

導通孔（スルーホール）··········· 192, 199
トライボロジー ······················· 107
トレパリング ·························· 164

●な行

ナノ秒レーザー ························· 14

熱応力場 ····························· 129
熱可塑性プラスチック（CFRTP）········ 208
熱硬化プラスチック（CFRP）··········· 208

●は行

パーカッション ························ 163
パルス幅 ·························· 14, 167
反射率 ································ 22
半値幅 ································ 30
反応速度 ······························ 67

ビアホール ··························· 199
光吸収 ································ 24
光積層造形装置 ························ 148
ピコ秒レーザー ···················· 16, 191
微細穴あけ加工 ························· 64
微細加工 ······························ 2
微細加工用レーザー ···················· 10
皮膚の障害（レーザーによる）··········· 224
比誘電率 ······························ 40
表面活性化 ···························· 105
表面機能化 ····························· 93
表面自由エネルギー ···················· 94
表面分析 ······························ 49
表面ポリシング ························ 108

ファイバーレーザーによる加工 ····· 87, 178
フェノン ······························ 57
フェムト秒レーザー ················ 17, 211
フェムト秒レーザーによる加工 ····· 49, 178
プラズマ電子密度 ······················ 40
プリント基板 ·························· 199
プレス加工 ···························· 214

●ま行

マイクロクラック ······················ 117
マイクロ微細加工 ······················ 160
マイクロ微細加工用レーザー ············ 160
マイクロ微細加工の産業応用 ············ 192
曲げ加工 ····························· 215

目の障害（レーザーによる）············ 224

●ら行

リチウムイオン電池‥‥‥‥‥‥‥‥ 194
立体形状加工‥‥‥‥‥‥‥‥‥‥‥ 178

レーザー割断‥‥‥‥‥‥‥‥‥‥‥ 129
レーザー管理区域‥‥‥‥‥‥‥‥‥ 225

レーザー作業の安全‥‥‥‥‥‥‥‥ 226
レーザースクライビング‥‥‥‥‥‥ 134
レーザー製品のクラス分け‥‥‥‥‥ 220
レーザーテクスチャリング‥‥‥‥‥ 109
レーザーピーニング‥‥‥‥‥‥‥‥ 106
レーザー表面処理‥‥‥‥‥‥‥‥‥ 105
レーザー誘起プラズマ‥‥‥‥‥‥‥ 43

著者略歴

新 井 武 二（あらい・たけじ）

中央大学研究開発機構フェロー，レーザ協会顧問．1945 年生まれ．東京教育大学（現筑波大学）大学院修士課程修了，中央大学大学院博士課程（単位取得）満了．工学博士，農学博士．同理工学部専任講師，ファナック基礎技術研究所主任研究員，アマダレーザー応用技術研究所長，中央大学研究開発機構教授を経て現職．その間，電子技術総合研究所（流動研究員），産業技術総合研究所（客員研究員），レーザ協会会長を歴任．

レーザー微細加工
基礎現象と産業応用

平成 30 年 1 月 30 日	発	行
令和 6 年 2 月 20 日	第 6 刷発行	

著作者　新　井　武　二

発行者　池　田　和　博

発行所　丸善出版株式会社

　　　　〒101-0051 東京都千代田区神田神保町二丁目 17 番
　　　　編集：電話(03)3512-3264／FAX(03)3512-3272
　　　　営業：電話(03)3512-3256／FAX(03)3512-3270
　　　　https://www.maruzen-publishing.co.jp

© Takeji Arai, 2018

組版／株式会社 日本制作センター
印刷・製本／大日本印刷株式会社

ISBN 978-4-621-30236-1　C3053　　　Printed in Japan

JCOPY〈(一社)出版者著作権管理機構 委託出版物〉
本書の無断複写は著作権法上での例外を除き禁じられています．複写される場合は，そのつど事前に，(一社)出版者著作権管理機構（電話 03-5244-5088，FAX03-5244-5089，e-mail：info@jcopy.or.jp）の許諾を得てください．